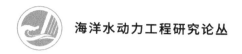

海洋水动力工程研究论丛

Ecological Protection Study for
Water Environment and its
Application in the Coastal Power Plant

滨海电厂水生态环境保护
关键技术研究与应用

陈松贵　陈汉宝　赵　鹏　彭　程　王依娜　著

U0347877

人民交通出版社股份有限公司

北 京

内 容 提 要

本书围绕滨海电厂建设过程中水环境生态保护的关键问题,主要从如下几方面进行论述:利用自主开发的全球水文模型,形成了多物理场海洋水动力模拟与评估技术;采用现场调查、数学模型等手段,建立了近岸水环境全息调查技术,研发了基于珊瑚移植技术的环境修复措施;开发了全过程三维泥沙运移模拟模型,形成了全海域悬浮物围控等系列技术。通过上述技术的实施,满足了滨海电厂建设过程中高标准的环境要求。

本书可供水生态环境研究人员使用,也可供在校师生学习参考。

图书在版编目(CIP)数据

滨海电厂水生态环境保护关键技术研究与应用／陈松贵等著. —北京:人民交通出版社股份有限公司,2021.11

ISBN 978-7-114-15506-2

Ⅰ.①滨⋯ Ⅱ.①陈⋯ Ⅲ.①海滨—发电厂—排水—生态环境保护—研究 Ⅳ.①X773

中国版本图书馆 CIP 数据核字(2019)第 082099 号

海洋水动力工程研究论丛
Binhai Dianchang Shui Shengtai Huanjing Baohu Guanjian Jishu Yanjiu yu Yingyong

书　　名	**滨海电厂水生态环境保护关键技术研究与应用**
著 作 者	陈松贵　陈汉宝　赵　鹏　彭　程　王依娜
责任编辑	崔　建　陈　鹏
责任校对	赵媛媛
责任印制	张　凯
出版发行	人民交通出版社股份有限公司
地　　址	(100011)北京市朝阳区安定门外外馆斜街 3 号
网　　址	http://www.ccpcl.com.cn
销售电话	(010)59757973
总 经 销	人民交通出版社股份有限公司发行部
经　　销	各地新华书店
印　　刷	北京虎彩文化传播有限公司
开　　本	720×960　1/16
印　　张	10.75
字　　数	208 千
版　　次	2021 年 11 月　第 1 版
印　　次	2021 年 11 月　第 1 次印刷
书　　号	ISBN 978-7-114-15506-2
定　　价	48.00 元

(有印刷、装订质量问题的图书由本公司负责调换)

编 委 会

著 作 者: 陈松贵　陈汉宝　赵　鹏　彭　程
　　　　　王依娜

参与人员: 管　宁　张亚敬　刘　针　杨会利
　　　　　徐亚男　黄美玲　欧阳锡钰

前　　言

　　"一带一路"倡议的深化和推进为我国工程施工建设企业带来了难得的发展机遇。电力企业作为走出去的排头兵,对我们产能输出、战略布局具有重要的作用。据商务部2018年上半年数据显示,中企新签约的海外工程中,电力项目134个,占总数36%。滨海电厂,作为电厂的主要设计形式,在建设和运营成本上有着明显的优势:建设方便,可先建码头,其他机组设备通过水上运输;运营方便,可直接通过海运运输煤炭和废渣,并采用海水冷却机组,最终相对于内陆电厂,能够节约成本。但是由于滨海电厂的码头建设及循环冷却水的排放,对周边水动力环境会产生一定的影响。为应对滨海电厂建设可能带来的环境负面影响,自2010年起,交通运输部天津水运工程科学研究院承担了系列滨海电厂涉水工程的研究工作。尤其是从2014年起,针对迪拜哈翔清洁煤电厂码头及取排水工程的研究,开展了"迪拜哈翔清洁煤电厂工程水文观测与模型试验研究、海洋水文资料收集及补充海水温度盐度观测、海水水质分析、码头及取排水口区域海洋生态和环境调查""阿联酋迪拜哈翔清洁煤电厂工程海洋生物移植""迪拜哈翔清洁煤电厂沉淀池与防污帘模型试验研究"等多项研究工作,围绕滨海电厂建设过程中水生态环境保护的关键问题开展了多项攻关,形成了多物理场海洋水动力模拟与评估、近岸水环境全息调查与珊瑚移植、全过程三维泥沙运移模拟及悬浮物围控等系列技术,并在迪拜哈翔电厂施工过程中得到了很好的应用。

作　者

2018年6月

目　　录

1 概　　述

"一带一路"倡议的深化和推进为我国工程建设企业带来了难得的发展机遇。电力企业作为"走出去"的排头兵,对我国产能输出、战略布局具有重要的作用。据统计,2016年我国"一带一路"沿线的电厂项目合同额达到4930亿美元。滨海电厂,作为电厂的主要设计形式,在建设和运营成本上有着明显的优势:建设方便,可先建码头,其他机组设备通过水上运输;运营方便,可直接通过海运运输煤炭和废渣,并采用海水冷却机组,最终相对于内陆电厂,能够节约成本。但由于滨海电厂的码头建设及循环冷却水的排放,对周边水动力环境会产生一定的影响,为应对滨海电厂建设可能带来的环境负面影响,本书重点对滨海电厂生态保护及水环境动力模拟关键技术进行了研究。主要研究成果包括:一是,提出了滨海电厂水动力环境模拟技术。利用建立的全球水文模型,对电厂周围的波浪、潮流、泥沙等关键水动力参数进行精细化模拟,为滨海电厂环境保护措施的设计提供依据。二是,提出了滨海电厂水环境影响定量评估技术。基于水动力模拟技术,对电厂建设导致的环境变化程度与影响范围进行定量评估,为滨海电厂的选址与设计优化提供依据。三是,提出了滨海电厂生态特征调查与分析技术。采用多普勒水文测量、多波束地形扫描、三维水下测量、底质取样等综合手段与技术,对工程区域及影响范围内底栖生物进行调查与分析,为生物移植种类和移植区域的选址提供技术指标与参数。四是,提出了珊瑚移植保护技术。采用人工抛填技术,在选定的移植区内重建适宜珊瑚生长的环境条件,利用人工潜水作业,对珊瑚进行快速移植,并建立水下监测系统,定期观测珊瑚生长情况。五是,建立了一整套滨海电厂生态疏浚技术。采用全过程三维泥沙输运模拟技术,为疏浚时机选择提供依据;通过布置沉沙池,降低排入外海的悬浮物浓度达到本底水质标准;利用二维物理模型试验,评估拦污帘(也称拦沙帘)最优拦沙效果,并通过合理的布设,进一步限制疏浚悬浮污染物的扩散范围。最终使得疏浚能够满足高标准的生态需求。

2　滨海电厂环境水动力模拟技术

2.1　波浪动力条件模拟技术

本节以迪拜哈翔清洁煤电厂（简称"迪拜哈翔电厂"）为例，介绍波浪动力条件模拟技术。根据研究内容及工程特点，针对波浪动力条件研究的思路如下：

（1）利用 ECMWF 历史再分析天气资料作为背景场，通过加密处理获取气象后报资料，得到工程海域附近的大风过程海面风场；利用 SWAN 模型模拟工程海域的风场过程，模拟结果与卫星资料进行对比验证，从而优化 SWAN 模型的计算参数。

（2）利用国际上通用的浅水海浪 SWAN 模型，计算不同重现期外海的波浪要素。

（3）进一步计算得到外海 −20m 处的波浪条件及建筑物处的设计波浪要素。

（4）采用 MIKE21 中的 BW 模型计算工程建设后的波浪场分布。

（5）分析不同方案的波浪条件。

2.1.1　大范围波浪数学模型

SWAN 风浪模型目前已被广泛应用于河口、港口工程等海浪模拟。该模型采用动谱平衡方程描述风浪生成及其在近岸区的演化过程，模型以动谱密度为未知变量，并考虑由地形及水流引起的浅水和折射效应，风成浪，白浪、底摩擦及波浪破碎引起的能量衰减，波—波相互作用，适用于深水、过渡水深和浅水情形。

（1）SWAN 控制方程

在直角坐标系中，动谱平衡方程可表示为：

$$\frac{\partial}{\partial t}N + \frac{\partial}{\partial x}C_x N + \frac{\partial}{\partial y}C_y N + \frac{\partial}{\partial \sigma}C_\sigma N + \frac{\partial}{\partial \theta}C_\theta N = \frac{S}{\sigma} \tag{2-1}$$

式中：σ——波浪的相对频率（在随水流运动的坐标系中观测到的频率）；

　　　θ——波向（各谱分量中垂直于波峰线的方向）；

　C_x、C_y——x、y 方向的波浪传播速度；

　C_σ、C_θ——σ、θ 空间的波浪传播速度。

2

式(2-1)左端第一项表示动谱密度随时间的变化率,第二项和第三项分别表示动谱密度在地理坐标空间中传播时的变化,第四项表示由于水深变化和潮流引起的动谱密度在相对频率 σ 空间的变化,第五项表示动谱密度在谱分布方向 θ 空间的传播(即由水深变化和潮流引起的折射)。式(2-1)等号右边 $S(\sigma,\theta)$ 是以动谱密度表示的源项,包括风能输入、波与波之间的非线性相互作用和由于底摩擦、白浪、水深变浅引起的波浪破碎等导致的能量耗散,并假设各项可以线性叠加。式(2-1)中的传播速度均采用线性波理论计算。

$$C_x = \frac{\mathrm{d}x}{\mathrm{d}t} = \frac{1}{2}\left[1 + \frac{2kd}{\mathrm{sh}(2kd)}\right]\frac{\sigma k_x}{k^2} + U_x \tag{2-2}$$

$$C_y = \frac{\mathrm{d}y}{\mathrm{d}t} = \frac{1}{2}\left[1 + \frac{2kd}{\mathrm{sh}(2kd)}\right]\frac{\sigma k_y}{k^2} + U_y \tag{2-3}$$

$$C_\sigma = \frac{\mathrm{d}\sigma}{\mathrm{d}t} = \frac{\partial\sigma}{\partial d}\left(\frac{\partial d}{\partial t} + \vec{U}\cdot\vec{v}d\right) - C_g\vec{k}\cdot\frac{\partial\vec{U}}{\partial s} \tag{2-4}$$

$$C_\theta = \frac{\mathrm{d}\theta}{\mathrm{d}t} = \frac{1}{k}\left(\frac{\partial\sigma}{\partial d}\frac{\partial d}{\partial m} + \vec{k}\cdot\frac{\partial\vec{U}}{\partial s}\right) \tag{2-5}$$

式中:$\vec{k} = (k_x, k_y)$ ——波数;

d ——水深;

$\vec{U} = (U_x, U_y)$ ——流速;

s ——沿 θ 方向的空间坐标;

m ——垂直于 s 的坐标;

$\dfrac{\partial}{\mathrm{d}t}$ 算子,$\dfrac{\partial}{\mathrm{d}t} = \dfrac{\partial}{\partial t} + \vec{C}\cdot\nabla_{x,y}$。

(2)源项 $S(\sigma,\theta)$ 的处理方法

①风能的输入

在 SWAN 模型中,风浪的发展表达为线性(A)和指数型(BE)发展之和:

$$S_{\mathrm{in}}(\sigma,\theta) = A + BE(\sigma,\theta) \tag{2-6}$$

其中,A 和 B 取决于波频、波向、风速和风向。线性发展模型中 A 采用修正的 Cavaleri 和 Malanotte-Rizzoli(1981)形式,指数发展模型参数 B 采用 Komen 等(1984)的形式:

$$A = \frac{1.5 \times 10^{-3}}{2\pi g^2}\{U_* \max[0, \cos(\theta - \theta_{\mathrm{w}})]\}^4 H \tag{2-7}$$

$$B = \max\left[0, 0.25\frac{\rho_{\mathrm{a}}}{\rho}\left|28 \times \frac{U_*}{C_{\mathrm{ph}}}\cos(\theta - \theta_{\mathrm{w}}) - 1\right|\right]\sigma \tag{2-8}$$

$$H = \exp\left[-(\sigma/\sigma_{PM}^*)^{-4}\right]\sigma_{PM}^* = 0.13 g\pi/(14 U_*) \tag{2-9}$$

$$U_*^2 = C_D U_{10}^2 \tag{2-10}$$

式中：θ_w——波向；

ρ_a、ρ——空气和水的密度；

U_{10}——海面上 10m 高度处的风速；

C_D——摩阻系数，根据 Wu(1982) 的研究确定：

$$C_D(U_{10}) = \begin{cases} 1.2875 \times 10^{-3} & (U_{10} < 7.5 \text{m/s}) \\ (0.8 + 0.065 \times U_{10}) \times 10^{-3} & (U_{10} \geqslant 7.5 \text{m/s}) \end{cases} \tag{2-11}$$

②波浪能量的损耗

波浪能量的损失包括白浪能量损耗 $S_{ds,w}$、底摩擦能量损耗 $S_{ds,b}$，以及水深变浅引起的破碎能量损耗 $S_{ds,br}$。

$$S_{ds} = S_{ds,w} + S_{ds,b} + S_{ds,br} \tag{2-12}$$

白浪模型为 HasselMann(1974) 模型：

$$S_{ds,w}(\sigma,\theta) = -\Gamma \widetilde{\sigma} \frac{k}{\widetilde{k}} E(\sigma,\theta) \tag{2-13}$$

式中：$\widetilde{\sigma}$、$\widetilde{k}$——平均频率、平均波数；

Γ 由波陡 H/L 来决定。

底摩擦采用 HasselMann 等(1973) 的 JONSWAP 经验模型：

$$S_{ds,b}(\sigma,\theta) = -C_{bottom} \frac{\sigma^2}{g^2 \text{sh}^2(kd)} E(\sigma,\theta) \tag{2-14}$$

式中：C_{bottom}——底摩擦系数。

浅水引起的波浪破碎采用 Battjes 和 Janssen(1978) 的段波(Bore)模型。

$$S_{ds,br}(\sigma,\theta) = D_{tot} \frac{E(\sigma,\theta)}{E_{tot}} \tag{2-15}$$

式中：E_{tot}——波浪的总能量；

D_{tot}——波浪破碎的能量衰减率，取决于波浪破碎指标。

（3）波浪绕射计算

SWAN 模型中加入绕射的方法是在考虑绕射效应的基础上，加入绕射引起的波浪在各个空间速度的变化，即存在绕射的情况下，改变各特征速度，从而可以求得各物理量。

为了考虑绕射效应，通过描述波浪运动的缓坡方程引入绕射因子：

$$\sigma_n = \frac{\nabla(CC_g, \nabla_a)}{\kappa^2 CC_g a}$$

$$C = \frac{\omega}{k} = c\left(1 + \delta_{\mathrm{n}}\right)^{-0.5}$$

$$C_{\mathrm{g}} = c_{\mathrm{g}}\left(1 + \delta_{\mathrm{n}}\right)^{0.5}$$

在 θ 空间的传播速度 C_{θ} 为：

$$C_{\theta} = \frac{\mathrm{d}\theta}{\mathrm{d}t} = \frac{\mathrm{d}\theta}{\mathrm{d}s} \times \frac{\mathrm{d}s}{\mathrm{d}t} = C_{\mathrm{g}}\frac{\mathrm{d}\theta}{\mathrm{d}s} = C_{\mathrm{g}}\left[\frac{1}{k} \times \frac{\partial k}{\partial m} + \frac{1}{2(1 + \delta_{\mathrm{n}})} \times \frac{\partial \delta_{\mathrm{n}}}{\partial m}\right] \tag{2-16}$$

2.1.2 近岸波浪计算方法

港区波浪往往存在折射、反射和绕射，计算采用 MIKE21 软件中的 Boussnesq 方程波浪数学模型，其简称 BW 模型。

（1）基本原理和基本方程

Boussinesq 波浪数学模型的基本方程为沿水深积分的平面二维短波方程。由于水深积分过程中的假定不同，积分方法的差异，得到不同的水深积分平面二维短波方程，称为 Boussinesq 类方程。这些方程经 McCowan、Madsen 等人 10 多年的验证和比较，推荐基本方程如下：

$$S_t + P_x + Q_y = 0 \tag{2-17}$$

$$P_t + \left(\frac{P^2}{d}\right)_x + \left(\frac{PQ}{d}\right)_y + gdS_x + \psi_1 = 0 \tag{2-18}$$

$$Q_t + \left(\frac{Q^2}{d}\right)_y + \left(\frac{PQ}{d}\right)_x + gdS_y + \psi_2 = 0 \tag{2-19}$$

其中：

$$\psi_1 = -\left(B + \frac{1}{3}\right)h^2\left(P_{xxt} + Q_{xyt}\right) - Bgh^3\left(S_{xxx} + S_{xyy}\right) - $$
$$hh_x\left(\frac{1}{3}P_{xt} + \frac{1}{6}Q_{yt} + 2BghS_{xx} + BghS_{yy}\right) - hh_y\left(\frac{1}{6}Q_{xt} + BghS_{xy}\right)$$

$$\psi_2 = -\left(B + \frac{1}{3}\right)h^2\left(Q_{yyt} + P_{xyt}\right) - Bgh^3\left(S_{yyy} + S_{xxy}\right) - $$
$$hh_x\left(\frac{1}{3}Q_{yt} + \frac{1}{6}P_{xt} + 2BghS_{yy} + BghS_{xx}\right) - hh_x\left(\frac{1}{6}P_{yt} + BghS_{xy}\right)$$

式中：　P、Q——x、y 方向流速沿水深的积分；

　　　　h——静水深；

　　　　S——波面高度；

　　　　d——总水深，$d = h + s$；

　　　　B——深水修正系数，可取为 1/15；

下脚标 t、x、y——表示不同物理量对时间、x 方向和 y 方向的偏导数。

（2）消波边界的处理

波浪数学模型中，前后边界都要进行消波处理，以免出现边界的多次反射，影响模拟的精度，在波浪数学模型的应用过程中，不少学者对消波边界的处理进行了深入的研究，根据 McCowan（1978）、Larsen 和 Dancy（1983）的研究成果，在消波边界区域，基本方程引入消波参数 r、μ，其方程表达为：

$$S_t + rP_x + rQ_y = -\frac{1-\mu^{-2}}{\Delta t}S \tag{2-20}$$

$$P_t + \left(\frac{P^2}{h}\right)_x + \left(\frac{PQ}{h}\right)_y + rgdS_x + \psi_1 + g\frac{P\sqrt{P^2+Q^2}}{C^2h^2} = -\frac{1-\mu^{-2}}{\Delta t}P \tag{2-21}$$

$$Q_t + \left(\frac{Q^2}{h}\right)_y + \left(\frac{PQ}{d}\right)_x + rgdS_y + \psi_2 + g\frac{Q\sqrt{P^2+Q^2}}{C^2h^2} = -\frac{1-\mu^{-2}}{\Delta t}Q \tag{2-22}$$

其中：

$$\mu(x) = \begin{cases} \exp\left[\left(2^{-x/\Delta t} - 2^{-x_s/\Delta x}\right)\ln a\right] & (0 < x < x_s) \\ 1 & (x_s < x) \end{cases}$$

$$r(x) = 0.5(1 + 1/\mu^2)$$

式中：x_s——空隙率消波层厚度，a 的取值与 x_s 和 Δx 的比值有关。

按照已有的经验，当 $x_s = 5\Delta x$ 时，$a = 2.0$，当 $x_s = 10\Delta x$ 时，$a = 5.0$。

（3）波浪反射的模拟

模拟时反射边界参数选取首先依据有关公式和实践经验判断反射率，再通过调整消波层数和空隙率，使得在对应的水深、波要素及步长情况下得到同等的反射率。

本项目中工程护坡为斜坡式结构，通过设置合适的空隙率消波层模拟不同结构相应的反射率。斜坡式结构的反射率按照 30% 左右考虑，码头按照全反射进行模拟。考虑工程两侧的护岸要求，工程两侧长 100m 左右海岸反射率同样按照 30% 左右考虑，其余海岸为自然海岸，故模型区域内其余海滩设为全吸收边界。

（4）求解过程

方程的求解采用 ADI 法。由于 Boussinesq 项及修正项的存在，增加了方程中的未知量，全部隐格式求解有一定的难度，因而 Boussinesq 项及修正项中的参量采用 Madsen 提出的预估法计算得到。

（5）不规则波的模拟与统计

计算采用指定的频谱，造波点的频谱不规则波采用分频叠加模拟得到。波谱频域分割数为 M，一般取 50。则该频谱的某点水位变化为：

$$\eta(n\Delta t) = \sum_{i=1}^{M} \sqrt{2S(f_i)\Delta f_i} \cos(2\pi f_i n\Delta t + \varepsilon_i) \tag{2-23}$$

谱分析利用协方差函数估计法。设 N 为样本总量，m 为推移乘积个数，波浪谱可表达为：

$$S(2\pi f) = \frac{2}{\pi} \int_0^\infty R(\tau) \cos 2\frac{\pi}{\tau} d\tau \tag{2-24}$$

其中：

$$R(\nu\Delta t) = \frac{1}{N-\nu} \sum_{n+1}^{N-\nu} x(t_n + \nu\Delta t) x(t_n) \qquad (\nu = 0,1,2,\cdots,m)$$

由数值积分得到谱的粗值：

$$L_h = \frac{2\Delta t}{\pi} \sum_{\nu=0}^{m} R(\nu\Delta t) \cos(2\pi f_h \nu\Delta t)$$

如数值积分中采用梯形公式：

$$L_h = \frac{2}{\pi} \Big[\frac{1}{2}R(0) + \sum_{\nu=1}^{m-1} R(\nu\Delta t) \cos(2\pi f_h \nu\Delta t) + $$

$$\frac{1}{2}R(m\Delta t) \cos(2\pi f_h m\Delta t) \Big] \Delta t \qquad (h = 0,1,2,\cdots,m)$$

此处所取的频率间隔为：

$$\Delta f = \frac{f_N}{m}$$

故：

$$f_h = h\Delta f = h\frac{f_N}{m} = \frac{h}{m}\frac{1}{2\Delta t}$$

得到：

$$L_h = \frac{2\Delta t}{\pi} \Big[\frac{1}{2}R(0) + \sum_{\nu=1}^{m-1} R(\nu\Delta t) \cos\frac{\pi\nu h}{m} + \frac{1}{2}R(m\Delta t)\cos\pi h \Big] \qquad (h = 0,1,2,\cdots,m)$$

以上估计出的 L_h 是不精确的，需要进行改进或光滑。光滑采用 Hamming 法：

$$S(2\pi f_H) = 0.23L_{h-1} + 0.54L_h + 0.23L_{h+1} \tag{2-25}$$

m 的取值对计算也有影响，m 可取样本总数 N 的 $1/10$，计算中取 $200 \sim 300$。不规则波较为复杂，为此计算程序中设立了专门的处理程序，程序包括波浪谱的输入，通过频率分割进行叠加形成不规则波的波面过程。同时将过程转换为谱，以检验波面形成过程的正确性。进行多方向不规则波的模拟时，方向分布函数依据相关规范进行计算，方向分割数为 25。

2.2 潮流动力条件模拟技术

本节以迪拜哈翔电厂为例,介绍潮流动力条件模拟技术。本次研究所采用的计算软件为丹麦水力研究所开发的平面二维潮流数学模型 MIKE21 HD。该模型在国内外许多国家和地区的工程应用中取得很好的成果,证明了该软件在工程研究领域的实用性。

2.2.1 基本方程

平面二维潮流数学模型的基本方程包括连续性方程和动量方程,控制方程有两种表达方式,分别是笛卡尔坐标系下的控制方程和球坐标系下的控制方程。其中,笛卡尔坐标系下的控制方程形式如下。

连续性方程为:

$$\frac{\partial h}{\partial t} + \frac{\partial h\,\bar{u}}{\partial x} + \frac{\partial h\,\bar{v}}{\partial y} = hS \tag{2-26}$$

x 向和 y 向运动方程为:

$$\frac{\partial h\,\bar{u}}{\partial t} + \frac{\partial h\,\bar{u}^2}{\partial x} + \frac{\partial h\,\bar{v}\,\bar{u}}{\partial y} = f\bar{v}h - gh\frac{\partial\eta}{\partial x} - \frac{\partial\rho}{\partial x}\frac{gh^2}{2\rho_0} + \frac{\tau_{sx}}{\rho_0} - \frac{\tau_{bx}}{\rho_0} + \frac{\partial}{\partial x}(hT_{xx}) + \frac{\partial}{\partial y}(hT_{xy}) + hu_sS \tag{2-27}$$

$$\frac{\partial h\,\bar{v}}{\partial t} + \frac{\partial h\,\bar{u}\,\bar{v}}{\partial x} + \frac{\partial h\,\bar{v}^2}{\partial y} = -f\bar{v}h - gh\frac{\partial\eta}{\partial y} - \frac{\partial\rho}{\partial y}\frac{gh^2}{2\rho_0} + \frac{\tau_{sy}}{\rho_0} - \frac{\tau_{by}}{\rho_0} + \frac{\partial}{\partial x}(hT_{xy}) + \frac{\partial}{\partial y}(hT_{yy}) + hu_sS \tag{2-28}$$

式中:t——时间(s);

    x、y——笛卡尔坐标的两坐标轴;

    η——水面高程(m);

    h——总水深(m),$h = \eta + d$;

    d——水深(m);

    u、v——对应于 x、y 的速度分量(m/s);

    g——重力加速度(m/s^2);

    ρ——密度(kg/m^3);

    ρ_0——相对密度;

    S——源汇项的流量(m^3/s)。

在二维的水动力模块中流速是一个平均的概念：

$$h\,\bar{u} = \int_{-d}^{\eta} u\,\mathrm{d}z,\, h\,\bar{v} = \int_{-d}^{\eta} v\,\mathrm{d}z \qquad (2\text{-}29)$$

2.2.2　表面风应力

表面风应力的计算公式可以表示为：

$$\vec{\tau}_s = \rho_a c_d \mid u_w \mid \vec{u}_w \qquad (2\text{-}30)$$

式中：　　　　ρ_a——大气密度（$\mathrm{kg/m^3}$）；

　　　　　　c_d——风的拖曳力系数；

$\vec{u}_w = (u_w, v_w)$——海面以上 10m 处的风速（$\mathrm{m/s}$）。

与表面应力有关的摩阻流速为：

$$U_{\tau s} = \sqrt{\frac{\rho_a c_f \mid u_w \mid^2}{\rho_0}} \qquad (2\text{-}31)$$

式中：c_f——拖曳力系数。

2.2.3　底部切应力

潮流模型底部应力的计算一般采用二次形式，将底部应力看作速度的函数。底部切应力根据牛顿摩擦定律其可定义为 $\vec{\tau}_b = (\tau_{bx}, \tau_{by})$：

$$\frac{\tau_b}{\rho_0} = c_f\,\vec{u}_b \mid \vec{u}_b \mid \qquad (2\text{-}32)$$

式中，$\vec{u}_b = (u_b, v_b)$ 为底层流速，与底部切应力有关的摩阻流速为：

$$U_{\tau b} = \sqrt{c_f \mid u_b \mid^2} \qquad (2\text{-}33)$$

在二维模型中 $\vec{u}_b$ 为垂向平均流速，底部的拖曳力系数可以通过谢才系数或曼宁系数推导出来。

$$c_f = \frac{g}{C^2} \qquad (2\text{-}34)$$

$$c_f = \frac{g}{(Mh^{1/6})^2} \qquad (2\text{-}35)$$

式中：C——谢才系数；

　　　M——曼宁系数。

其中，曼宁系数可以通过底部粗糙度估算，有：

$$M = \frac{25.4}{k_\text{s}^{1/6}} \qquad (2\text{-}36)$$

式中：k_s——糙率层厚度。

2.2.4 边界条件

潮流数学模型的边界条件有三种：闭边界条件、开边界条件和移动边界条件。对闭边界（一般为岸线边界）而言通量为零，动量方程为沿岸方向；对开边界而言，可以赋予水位边界，也可以赋予流量边界；移动边界条件也称为干湿边界条件，随着潮位的变化，陆地边界上的网格会时而处于水下，时而露出水面，造成参与计算的网格时而增加时而减少，这就需要采用移动边界技术进行处理。

下面概括介绍移动边界处理技术。当计算出现以下两种情况时，网格节点视为干出：一是，当实际水深小于临界水深（滨海电厂工程取 0.05m 时，认为此节点干出；二是，当与此节点相连的节点都干出时，即此节点被陆地所包围时，认为此节点干出。当计算出现以下两种情况时，网格节点视为淹没：一是，如果对于一个单元有两个节点淹没，另外一个节点干出，那么单元内存在水位差，此水位差必然导致单元内存在一个流速，当水流以大于临界流速的流速流向干出节点时，认为节点将会被淹没；二是，当单元有一个节点位于内部障碍边界或者是不为零的法向流边界时，节点淹没。

2.2.5 数值计算

在非结构化网格中使用有限体积法（FVM）进行离散求解。二维的浅水方程在笛卡尔坐标系下可以写为：

$$\frac{\partial U}{\partial t} + \nabla \cdot F(U) = S(U) \qquad (2\text{-}37)$$

$$U = \begin{bmatrix} h \\ h\,\bar{u} \\ h\,\bar{v} \end{bmatrix}, \quad F_x^I = \begin{bmatrix} h\,\bar{u} \\ h\,\bar{u}^2 + \dfrac{1}{2}g(h^2 - d^2) \\ h\,\bar{u}\,\bar{v} \end{bmatrix}, \quad F_y^I = \begin{bmatrix} h\,\bar{v} \\ h\,\bar{v}\,\bar{u} \\ h\,\bar{v}^2 + \dfrac{1}{2}g(h^2 - d^2) \end{bmatrix} \qquad (2\text{-}38)$$

$$F_y^V = \begin{bmatrix} 0 \\ hA\left(\dfrac{\partial \bar{u}}{\partial y} + \dfrac{\partial \bar{v}}{\partial x}\right) \\ hA\left(2\,\dfrac{\partial \bar{v}}{\partial x}\right) \end{bmatrix}, \quad F_x^V = \begin{bmatrix} 0 \\ hA\left(2\,\dfrac{\partial \bar{u}}{\partial x}\right) \\ hA\left(\dfrac{\partial \bar{u}}{\partial y} + \dfrac{\partial \bar{v}}{\partial x}\right) \end{bmatrix} \qquad (2\text{-}39)$$

$$S = \begin{bmatrix} 0 \\ g\eta \dfrac{\partial d}{\partial x} + f\bar{v}h - \dfrac{gh^2}{2\rho_0} \dfrac{\partial \rho}{\partial x} + \dfrac{\tau_{sx}}{\rho_0} - \dfrac{\tau_{bx}}{\rho_0} + hu_s \\ g\eta \dfrac{\partial d}{\partial y} + f\bar{u}h - \dfrac{gh^2}{2\rho_0} \dfrac{\partial \rho}{\partial y} + \dfrac{\tau_{sy}}{\rho_0} - \dfrac{\tau_{by}}{\rho_0} + hv_s \end{bmatrix} \tag{2-40}$$

上标 I 和 V 分别代表黏性和非黏性的通量,在时间上使用显示的欧拉格式进行积分。在第 i 个单元内将式(2-37)用高斯理论进行积分,可以将该式写为:

$$\int_{A_i} \frac{\partial U}{\partial t} d\Omega - \int_{A_i} S(U) d\Omega = -\int_{\Gamma_i} (F \cdot n) dS \tag{2-41}$$

式中:A_i——第 i 个面积单元;

Ω——变量在 A_i 上的积分;

Γ_i——第 i 个单元的周长;

dS——沿单元边界上的积分;

n——向外的单位向量。

2.3 泥沙动力环境模拟技术

本节以迪拜哈翔电厂为例,介绍泥沙动力环境模拟技术。在研究本工程泥沙问题时,采用 DHI MIKE21 软件的 MT 模块(Mud Transport Module)进行计算。MIKE21 在国内外水环境研究领域已被广泛应用,且数值模拟的科学性已得到大量工程的验证。例如,印度尼西亚 RATU 电厂、TELUK NAGA 电厂、INDRAMAYU 电厂、AWARAWAR 电厂、ACEH 电厂、JENEPONTO 电厂、ADIPALA 电厂、BATAM 电厂和 S2P 电厂等波浪潮流泥沙数值模拟,这些工程应用证明了该软件的实用性。MT 模块适用于黏性细颗粒泥沙的淤泥质河口、海岸泥沙研究。

悬沙运动基本方程表达式见式(2-42):

$$\frac{\partial(hS)}{\partial t} + \frac{\partial(huS)}{\partial x} + \frac{\partial(hvS)}{\partial y} = \frac{\partial}{\partial x}\left(hD_x \frac{\partial S}{\partial x}\right) + \frac{\partial}{\partial y}\left(hD_y \frac{\partial S}{\partial y}\right) - \alpha\omega(S - S_*) \tag{2-42}$$

式中:S——沿深度平均的含沙量;

S_*——波流共同作用下的挟沙力;

α——沉降概率或恢复饱和系数;

ω——泥沙沉速;

D_x、D_y——泥沙水平扩散系数。

根据波流挟沙的原理,S_* 可近似为:

$$S_* = S_{*C} + S_{*W} \tag{2-43}$$

式中：S_{*C}、S_{*W}——潮流和波浪作用下的挟沙能力，可同时考虑潮流和波浪对泥沙的悬浮作用。

潮流作用下的挟沙能力可表示为：

$$S_{*C} = \beta_C \frac{\gamma \gamma_s}{(\gamma_s - \gamma)} \frac{V^3}{C^2 h \omega} \tag{2-44}$$

式中：β_C——根据试验或者现场资料确定的系数；

γ_s、γ——泥沙与水体重度；

C——谢才系数；

V——垂向平均流速。

对于波浪作用下的挟沙能力，根据实际波能演化原理，修正为如下形式：

$$S_{*W} = \beta_1 \frac{\gamma \gamma_s}{\gamma_s - \gamma} \frac{f_w H^3}{T^3 g^2 h \omega \sinh^3(kh)} + \beta_2 \frac{\gamma_s}{\gamma_s - \gamma} \frac{D_{B2}}{gh\omega} \tag{2-45}$$

式中：f_w——波浪摩阻系数；

H——波高；

T——波周期；

k——波数；

g——重力加速度；

D_{B2}——由于波浪破碎引起的波能耗散；

β_1、β_2——系数。

悬沙引起的地形冲淤变化计算表达式见式（2-46）：

$$\gamma_0 \frac{\partial \eta_b}{\partial t} = \alpha \omega (S - S_*) \tag{2-46}$$

底沙引起的地形冲淤变化计算表达式见式（2-47）：

$$\gamma_0 \frac{\partial \eta_b}{\partial t} + \frac{\partial q_x}{\partial x} + \frac{\partial q_y}{\partial y} = 0 \tag{2-47}$$

式中：η_b——底高程；

q_x、q_y——单宽底沙输移量 q_b 沿 x 和 y 方向的分量；

α——经验回淤系数，根据当地回淤资料确定。

对于沿岸输沙，本项目拟采用 CERC 公式、Kamphuis 公式以及 Bayram 公式分别进行计算，再结合沿岸输沙实测资料综合对比，最后选取适合本项目的沿岸输沙公式进行年净（总）输沙量的计算。

计算域剖分采用无结构三角形网格,网格剖分时外疏内密,工程区附近网格进行局部加密。

泥沙模型验证主要包括两部分:一是利用现场实测全潮垂线平均含沙量对泥沙模型进行验证,率定模型参数;二是收集工程附近地形冲淤资料进行验证。

2.4 温排水模拟技术

本节以迪拜哈翔电厂为例,介绍温排水模拟技术。电厂的温水排入工程海域后,由于风、波浪及潮流涡动混合的垂向掺混作用,上、下层温升趋于均匀,分层现象会逐渐消失。研究的重点是较长时间内整个工程海域的温度分布,可以将海水视为单一水体,采用沿水深平均的平面二维数学模型。

2.4.1 基本方程

温度对流扩散方程为:

$$\frac{\partial}{\partial t}(hT) + \frac{\partial}{\partial t}(uhT) + \frac{\partial}{\partial y}(vhT)$$

$$= \frac{\partial}{\partial x}\left(hD_x\frac{\partial T}{\partial x}\right) + \frac{\partial}{\partial y}\left(hD_y\frac{\partial T}{\partial y}\right) - \frac{KT}{\rho C_\rho} - S \tag{2-48}$$

式中:t——时间(s);

x、y——笛卡尔坐标的两坐标轴;

h——总水深(m),$h = \eta + d$;

u、v——对应于 x、y 的速度分量(m/s);

ρ——密度(kg/m³);

S——源汇项的流量(m³/s);

T——垂线平均温升值;

D_x、D_y——x、y 方向的热扩散系数;

其中:

$$D_x = D_L\frac{|u|}{\sqrt{u^2+v^2}} + D_N\frac{|v|}{\sqrt{u^2+v^2}} \tag{2-49}$$

$$D_y = D_L\frac{|v|}{\sqrt{u^2+v^2}} + D_N\frac{|u|}{\sqrt{u^2+v^2}} \tag{2-50}$$

D_L——纵向(沿水流方向)扩散系数;

D_N——横向(垂直水流方向)扩散系数;

C_p——水的比热容。

2.4.2 初边值条件

在开边界出流区域:

$$\frac{\partial \Delta Th}{\partial t} + \frac{\partial uh\Delta T}{\partial x} + \frac{\partial vh\Delta T}{\partial y} = 0 \tag{2-51}$$

在闭边界,通常假定服从绝热条件,$\frac{\partial \Delta T}{\partial n} = 0$,$n$ 为边界上向外的单位法向量。

2.4.3 计算参数的选取

在温排水数值计算中,影响温度扩散的因素主要是扩散系数 D_L、D_N 以及水面综合散热系数 K_s。

涡动扩散是由于水流涡动造成的扩散。电厂温排水是一种热流,虽然热流本身没有方向性,但它的扩散与水流的运动形式密切相关。涡流扩散系数按方向可分为沿水流方向和垂直水流方向的扩散系数 D_L、D_N。

$$D_L = 5.93\sqrt{g}\,|u|h/c \quad D_N = 5.93\sqrt{g}\,|v|h/c \tag{2-52}$$

式中:u、v——x、y 方向垂线平均流速(m/s);

h——水深(m);

c——谢才系数。

水面综合散热是热扩散的重要途径之一。按照热扩散的方式,水面综合散热系数可表达为:

$$K_s = \frac{\partial \varphi}{\partial t}, \quad \varphi = \varphi_{br} + \varphi_e + \varphi_c \tag{2-53}$$

式中:φ_{br}——水面逆辐射通量;

φ_e——水面与大气之间的紊动热交换;

φ_c——水面蒸发通量;

t——水面温度。

对于 K_s 的选取尚没有完整的资料依据,常用的办法是利用经验公式。本次采用比较常用的 Gunneberg 公式,其考虑了风和潮水的温度对热扩散的影响。

$$K_s = 2.27 \times 10^{-7}(T_s + 273.15)^3 + (1.5 + 1.12U) \times 10^{-3} \times$$

$$\left[(2501.7 - 2.366T_s)\frac{25509}{(T_s + 239.7)^2} \times 10^{\frac{7.56T_s}{T_s + 239.7}} + 1621\right] \tag{2-54}$$

式中：T_s——水面温度；

　　U——水面以上2m处风速。

2.5　本章小结

　　本章主要对波浪、潮流、泥沙和温排水这四项动力条件模拟技术进行系统的介绍，重点讨论了模拟这些动力条件时所使用到的数学模型、基本方程、边界条件和计算参数的选取。正是基于使用这些方法模拟出的动力条件，才使得后续的环境影响分析得以进行。

3　滨海电厂水环境影响分析技术

3.1　潮流动力条件影响分析技术

本节以迪拜哈翔电厂为例,介绍潮流动力条件影响分析技术。潮流动力条件影响分析模型的基本方程与第 2 章 2.2 节潮流动力条件模拟的基本方程相同,采用丹麦水力研究所开发的平面二维数学模型 MIKE21 来进行分析。

3.1.1　潮流模型的建立

1)计算域和网格生成

为了提高计算效率,保证项目区的分辨率,采用局部细化的非结构化三角形网格。以迪拜哈翔电厂为例二维数学模型的网格图分别见图 3-1 和图 3-2,采用局部模型,包括距海平面 −30m 等深线以外的海域,南北约 87.1km,由西向东约为 145.7km。模型计算采用局部细化三角形网格,最长间距为 8000m、最短间距为 15m。

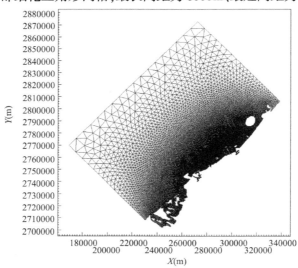

图 3-1　潮流数学模型的一般网格图

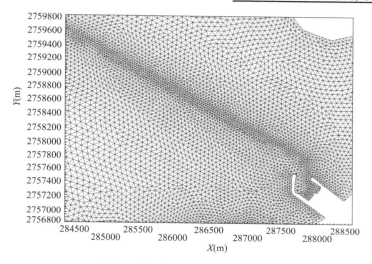

图 3-2 潮流数学模型的局部网格图

2) 数值模拟的率定

MIKE 全球潮汐模型可用 0.125×0.125 度分辨率的网格,考虑了潮汐谱中的主要 10 个成分。该模型利用了 TOPEX/Poseidon(A 阶段和 B 阶段),Jason-1(A 阶段和 B 阶段)和 Joson-2 卫星测高的最近 17 年多任务测量数据进行海平面分析。基于这些测量,计算了谐波系数。提供的资料考虑半日潮 M2、S2、K2、N2,全日潮 S1、K1、O1、P1、Q1 和浅水成分 M4。从大模型的结果中提取小模型的开边界的潮位。潮流建模时间步长范围时从 $0.01 \sim 36s$。采用默认参数值的湿润和干燥方法来处理移动的陆地边界,并且将在模型验证中进行编号调整。

预测的潮汐和潮流将通过水文测量数据进行校准,以确认数值模拟的可靠性。

二维模型的开口边界上的潮汐水位是由 Mike Global Tide 模型预测的,波浪影响也是由 SW 模型提供的耦合波辐射力体现的。在模型中,时间步长范围从 $0.01 \sim 36s$。使用默认参数值的润湿和干燥方法来处理移动边界问题。通过校准,Smagorinsky 公式中的涡流黏度系数为 0.28,Manning 系数为 $32 \sim 60$,其他校准参数列于表 3-1 中。

校 准 的 参 数 表 3-1

校准参数	数 值	校准参数	数 值
干边界水深(m)	0.005	密度类型	Barotropic
洪水边界水深(m)	0.05	涡流黏度系数	0.28
湿边界水深(m)	0.1	Manning 系数($m^{1/3}/s$)	$32 \sim 60$

潮流的数值模拟是建立和校准与日期。潮汐水位在 WL1 站从 2016-7-18 到 2016-8-15 测量。目前在 CT1 ~ CT4（地点见图 3-3）站从 2016-5-8 至 2016-6-8（大潮）以及从 2016-8-12 至 2013-8-13（小潮）进行测量。

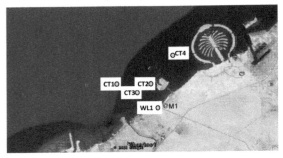

图 3-3　迪拜哈翔电厂水位测量的位置

WL1 站潮位比较结果如图 3-4 和图 3-5 所示。CT1 ~ CT4 站水流方向和速度比较结果如图 3-6 ~ 图 3-9 所示。

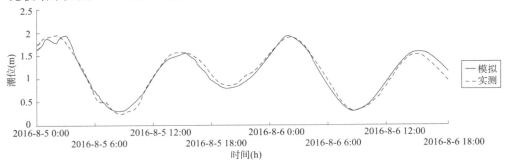

图 3-4　大潮潮汐表面高程比较结果（WL1 站）

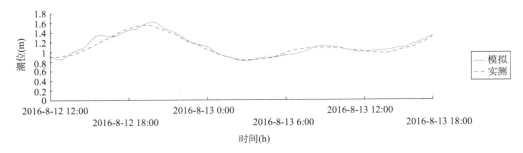

图 3-5　小潮潮汐表面高程比较结果（WL1 站）

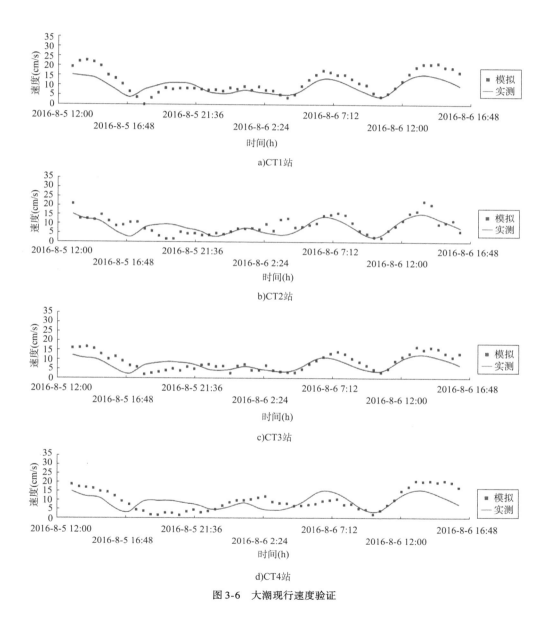

图 3-6 大潮现行速度验证

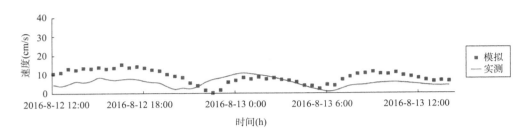

a)CT1站

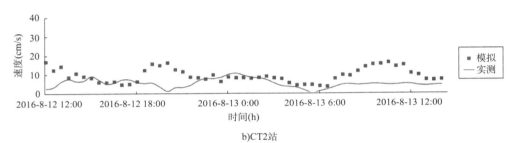

b)CT2站

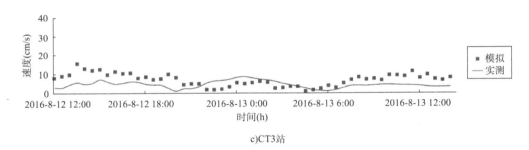

c)CT3站

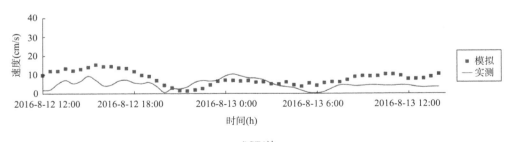

d)CT4站

图 3-7　小潮潮流速度验证

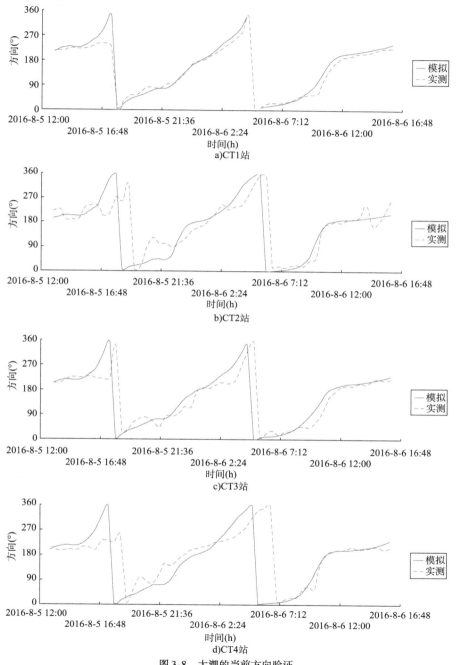

图 3-8　大潮的当前方向验证

21

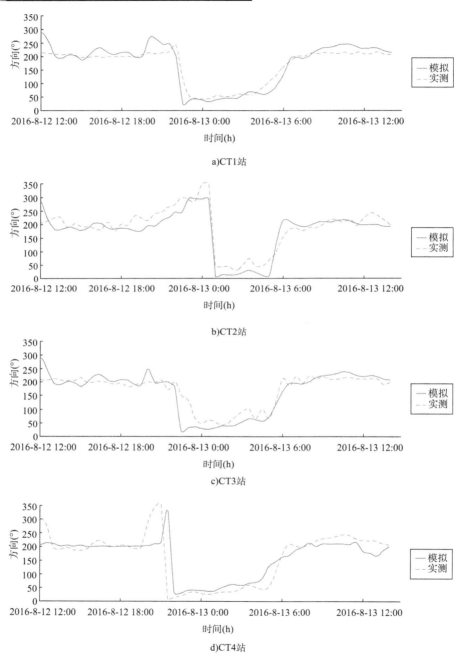

a)CT1站

b)CT2站

c)CT3站

d)CT4站

图 3-9　小潮潮流速度验证

从迪拜哈翔电厂(HSY00T-MOER005)的水文气象观测报告可以看出,水流测量风速小于 5m/s,因此模型中不考虑风。模拟水流比测量值小 0.05m/s。泥沙运动受大潮期潮流控制,小潮期潮流对最终泥沙效果影响不大。

计算基于 2016 年 8 月小潮和大潮期间实测数据,模拟工程前后的潮流场。

3.1.2 没有项目的现场分析

2016 年 8 月的水文日期显示,大潮期间的方向和小潮保持一致,大潮的当前速度较高。因此,本书主要分析了水文中的大小潮现场情况。图 3-10 ~ 图 3-17 描述了大小潮期无工程涨落潮流。

如图 3-10 所示,项目区现有场地有如下两个特点。

(1)项目区主流方向为 SW-NE,受外海分布均匀的潮汐影响。

(2)工程近期平均流速在 0.1m/s 左右,项目区周边水流较弱。

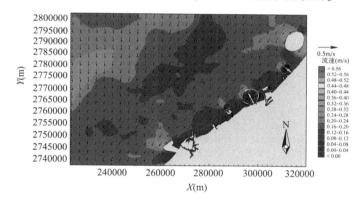

图 3-10 大潮期间工程建设前的涨潮流场

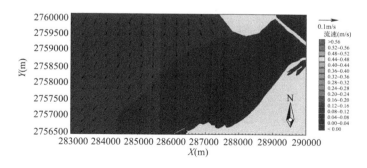

图 3-11 大潮期间工程建设前附近的涨潮流场

23

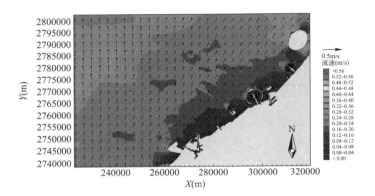

图 3-12　大潮期间工程建设前的落潮方向

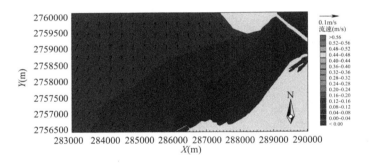

图 3-13　大潮期间工程建设前附近的落潮流向

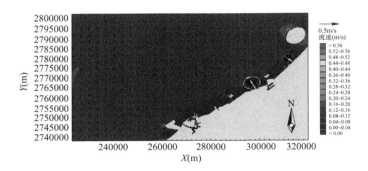

图 3-14　小潮期间工程建设前的涨潮流场

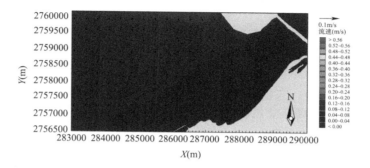

图 3-15 小潮期间工程建设前附近的涨潮流场

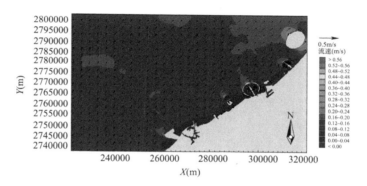

图 3-16 小潮期间工程建设前的落潮方向

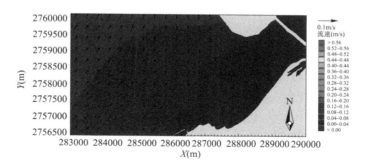

图 3-17 小潮期间工程建设前附近的落潮方向

3.1.3　工程后流场特性分析

图 3-18～图 3-25 所示为大潮期间项目区涨落和小潮期间的涨落。与图 3-10～图 3-17 相比,工程后潮水涨落的大部分地区与之前一致。项目建设对潮流场的影响仅限于项目附近的海域。防波堤完成后,防波堤水头西侧流动,流速增大。

在防波堤区域内,大潮涨潮速度和落潮速度分别为 0.003～0.05m/s 和 0.002～0.05m/s,小潮涨潮速度和落潮速度分别为 0.003～0.04 m/s 和 0.002～0.04m/s。

在泊位上,大潮涨潮速度和落潮速度分别为 0.001～0.01m/s 和 0.001～0.01m/s,小潮涨潮速度和落潮速度分别为 0.001～0.01m/s 和 0.001～0.01m/s。

在航道中,大潮涨潮速度和落潮速度分别为 0.004～0.06m/s 和 0.003～0.05m/s,小潮涨潮速度和落潮速度分别为 0.003～0.05m/s 和 0.002～0.05m/s。

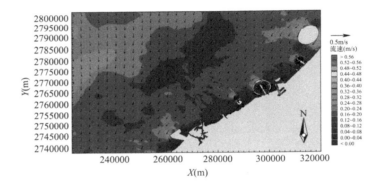

图 3-18　大潮期间的涨潮流场

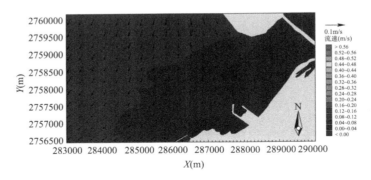

图 3-19　大潮期间项目附近的涨潮流场

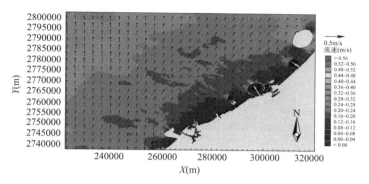

图 3-20　大潮期间有项目的落潮方向

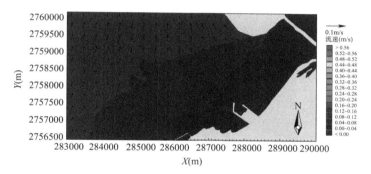

图 3-21　大潮期有项目附近的落潮方向

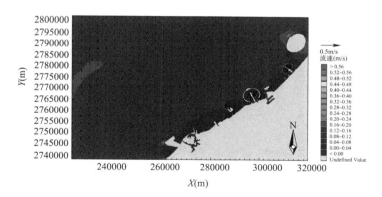

图 3-22　小潮期间项目的涨潮流场

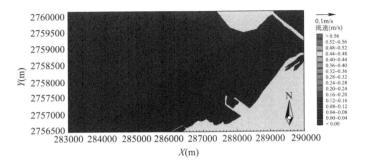

图 3-23　小潮期间项目附近的落潮流场

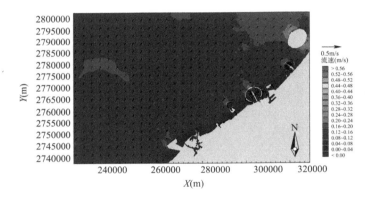

图 3-24　小潮期间有项目的落潮方向

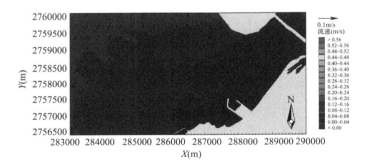

图 3-25　小潮期间项目附近的落潮方向

分析了防波堤建设对海域潮流的影响。在图 3-26～图 3-29 所示的项目前后涨潮和落潮的当前速度矢量的比较。蓝色矢量意味着在项目之前,而红色意味着在项目之后。图 3-30～图 3-33 是工程前后速度差的等值线图。蓝色表示速度下降,红色表示速度上升,白色表示速度在 $-0.025～0.025 \mathrm{m/s}$ 之间变化。总的来说,流域的流速减小,而防波堤的水头增加。

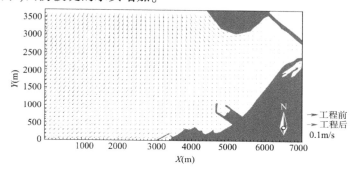

图 3-26　项目前后大潮期间涨潮峰值当前速度矢量的比较

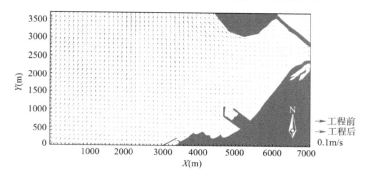

图 3-27　项目前后大潮期间退潮峰值当前速度矢量的比较

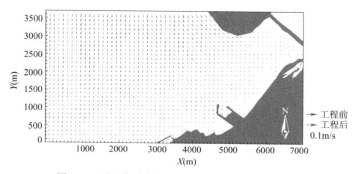

图 3-28　项目前后小潮涨潮峰值的当前速度矢量比较

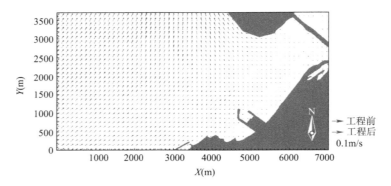

图 3-29　项目前后大潮期间落潮的当前速度矢量比较

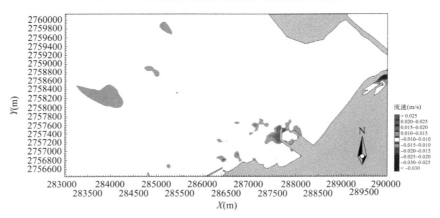

图 3-30　大潮期间涨潮峰值流速差异图

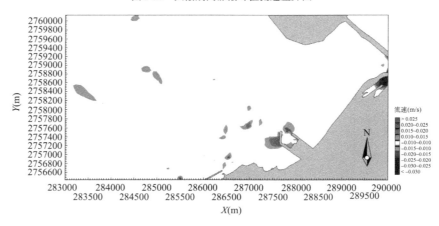

图 3-31　大潮期间落潮峰值流速差异图

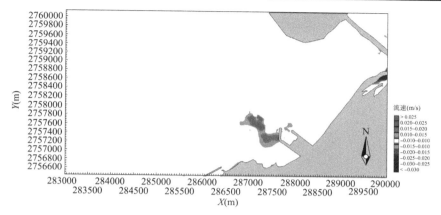

图 3-32 小潮期间涨潮峰值流速差异图

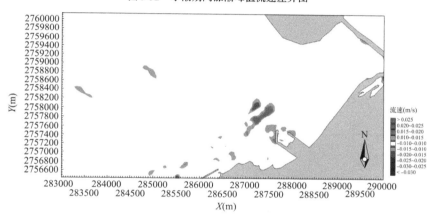

图 3-33 小潮期间落潮峰值流速差异图

为了进一步分析工程前后的潮流特征,提取了 24 个特征点的当前速度和水流方向,其位置如图 3-34 所示。点 1~2 位于泊位前,点 3~5 个在港口,6~22 个点位于通道,23~24 个点位于西防波堤上风侧。

大潮期流速和方向的统计结果见表 3-2 ~ 表 3-4,工程后最大风速可归纳为:

(1)航道(6~22 号):大潮涨潮和落潮时最大流速分别为 0.09m/s 和 0.07m/s,位于 22 号。

(2)回旋水域(3~5 号):大潮涨潮和落潮时最大流速分别为 0.02m/s 和 0.02m/s,位于 3 号、4 号。

(3)泊位(1~2 号):大潮涨潮和落潮时最大流速分别为 0.01m/s 和 0.01m/s,位于 1 号。

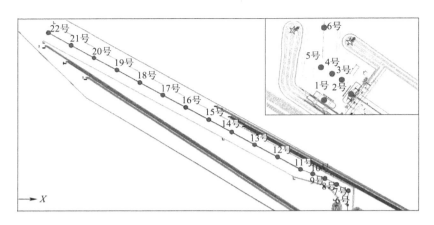

图 3-34　提取点的位置

项目前后的大潮期间涨潮落潮的最大流速差分别为 0.06m/s 和 0.05m/s,位于 24 号。

如表 3-4 所示,项目前后之间的速度差异也很小。该项目对环境的影响只限于项目区域内,对其他区域的速度影响很小。

大潮前后项目现状统计结果　　　　　　　　　　　　　　表 3-2

编号	工　程　前						工　程　后					
	涨潮			落潮			涨潮			落潮		
	平均流速	最大流速	平均方向	平均流速	最大流速	平均方向	平均流速	最大流速	平均方向	平均流速	最大流速	平均方向
1 号	0.01	0.02	190	0.01	0.02	360	0.01	0.01	341	0.00	0.01	337
2 号	0.01	0.02	186	0.01	0.02	354	0.00	0.00	189	0.00	0.00	16
3 号	0.01	0.02	185	0.01	0.02	355	0.02	0.02	42	0.02	0.02	24
4 号	0.01	0.02	186	0.01	0.02	349	0.01	0.01	1	0.02	0.02	358
5 号	0.01	0.02	186	0.01	0.02	349	0.00	0.01	205	0.01	0.01	17
6 号	0.02	0.02	175	0.02	0.03	340	0.01	0.01	240	0.01	0.01	351
7 号	0.02	0.02	169	0.02	0.03	336	0.02	0.03	178	0.01	0.02	346
8 号	0.02	0.02	171	0.02	0.03	340	0.02	0.03	185	0.02	0.03	342
9 号	0.02	0.03	173	0.02	0.03	344	0.02	0.03	178	0.02	0.03	350
10 号	0.02	0.03	173	0.02	0.03	343	0.02	0.03	169	0.02	0.04	356

续上表

编号	工程 前						工程 后					
	涨潮			落潮			涨潮			落潮		
	平均流速	最大流速	平均方向	平均流速	最大流速	平均方向	平均流速	最大流速	平均方向	平均流速	最大流速	平均方向
11 号	0.03	0.03	174	0.02	0.04	344	0.03	0.03	170	0.03	0.04	355
12 号	0.03	0.04	178	0.03	0.05	350	0.03	0.04	180	0.03	0.04	351
13 号	0.03	0.04	180	0.03	0.06	354	0.03	0.05	185	0.03	0.05	359
14 号	0.04	0.05	185	0.04	0.06	359	0.04	0.05	188	0.04	0.06	3
15 号	0.04	0.05	187	0.04	0.07	360	0.04	0.06	192	0.04	0.07	4
16 号	0.04	0.06	188	0.05	0.08	0	0.05	0.06	193	0.05	0.08	4
17 号	0.05	0.06	191	0.05	0.09	3	0.05	0.07	194	0.05	0.09	5
18 号	0.05	0.07	192	0.06	0.09	4	0.05	0.07	195	0.06	0.09	5
19 号	0.06	0.08	195	0.06	0.10	6	0.05	0.08	195	0.06	0.10	5
20 号	0.06	0.08	196	0.06	0.10	7	0.06	0.09	199	0.07	0.11	10
21 号	0.06	0.08	198	0.07	0.11	9	0.07	0.09	200	0.07	0.11	11
22 号	0.06	0.09	199	0.07	0.11	10	0.06	0.09	201	0.07	0.11	11
23 号	0.02	0.02	170	0.01	0.02	338	0.03	0.06	183	0.03	0.05	346
24 号	0.02	0.02	172	0.02	0.02	341	0.05	0.08	175	0.04	0.07	342

注：流速单位为 m/s；平均方向单位为度（°）。表 3-3 中的单位与之相同。

大潮前后项目现状统计结果　　　　　　　　　　　表 3-3

编号	工程 前						工程 后					
	涨潮			落潮			涨潮			落潮		
	平均流速	最大流速	平均方向	平均流速	最大流速	平均方向	平均流速	最大流速	平均方向	平均流速	最大流速	平均方向
1 号	0.01	0.01	180	0.01	0.01	22	0.00	0.01	351.50	0.01	0.01	342
2 号	0.01	0.01	174	0.01	0.01	19	0.00	0.00	206.53	0.00	0.00	244
3 号	0.01	0.01	175	0.01	0.01	19	0.02	0.02	35.78	0.02	0.02	31
4 号	0.01	0.01	174	0.01	0.01	18	0.01	0.01	7.32	0.02	0.02	7
5 号	0.01	0.01	174	0.01	0.01	18	0.00	0.01	181.77	0.00	0.00	102
6 号	0.01	0.02	162	0.01	0.02	6	0.01	0.01	146.24	0.01	0.01	181
7 号	0.01	0.02	158	0.01	0.02	358	0.01	0.01	165.24	0.02	0.02	56

续上表

编号	工程 前						工程 后					
	涨潮			落潮			涨潮			落潮		
	平均流速	最大流速	平均方向	平均流速	最大流速	平均方向	平均流速	最大流速	平均方向	平均流速	最大流速	平均方向
8 号	0.01	0.02	159	0.01	0.02	3	0.01	0.01	160.34	0.02	0.02	41
9 号	0.01	0.02	161	0.01	0.02	7	0.01	0.02	174.52	0.03	0.03	45
10 号	0.01	0.02	160	0.02	0.02	6	0.01	0.02	175.75	0.05	0.05	51
11 号	0.01	0.02	160	0.02	0.03	6	0.02	0.02	179.28	0.03	0.03	49
12 号	0.02	0.03	164	0.02	0.04	10	0.02	0.03	175.52	0.03	0.03	23
13 号	0.02	0.04	168	0.03	0.04	12	0.02	0.04	176.07	0.04	0.04	20
14 号	0.03	0.04	172	0.03	0.05	15	0.03	0.04	177.60	0.05	0.05	20
15 号	0.03	0.05	173	0.03	0.05	16	0.03	0.05	180.53	0.06	0.06	21
16 号	0.03	0.05	174	0.04	0.06	16	0.03	0.05	179.87	0.06	0.06	21
17 号	0.04	0.06	177	0.04	0.07	19	0.04	0.05	181.54	0.07	0.07	21
18 号	0.04	0.06	178	0.04	0.07	20	0.04	0.06	182.47	0.07	0.07	21
19 号	0.04	0.06	180	0.05	0.07	22	0.04	0.06	183.46	0.08	0.08	21
20 号	0.04	0.07	182	0.05	0.08	23	0.04	0.07	187.11	0.08	0.08	26
21 号	0.04	0.07	183	0.05	0.08	25	0.05	0.07	187.76	0.09	0.09	27
22 号	0.05	0.07	184	0.05	0.08	26	0.05	0.07	188.36	0.09	0.09	27
23 号	0.01	0.02	165	0.01	0.02	18	0.03	0.04	180	0.03	0.05	340
24 号	0.01	0.02	168	0.01	0.02	14	0.04	0.07	177	0.05	0.07	332

工程建设前后的流速（m/s）　　　　　　　　表 3-4

编号	大 潮				小 潮			
	涨潮		落潮		涨潮		落潮	
	平均流速	最大流速	平均流速	最大流速	平均流速	最大流速	平均流速	最大流速
1 号	0.00	−0.01	−0.01	−0.01	−0.01	0.00	0.00	0.00
2 号	−0.01	−0.02	−0.01	−0.02	−0.01	−0.01	−0.01	−0.01
3 号	0.01	0.00	0.01	0.00	0.01	0.01	0.01	0.01
4 号	0.00	−0.01	0.01	0.00	0.00	0.00	0.01	0.01
5 号	−0.01	−0.01	0.00	−0.01	−0.01	0.00	−0.01	−0.01
6 号	−0.01	−0.01	−0.01	−0.02	−0.01	−0.01	0.00	−0.01

续上表

编号	大　潮				小　潮			
	涨潮		落潮		涨潮		落潮	
	平均流速	最大流速	平均流速	最大流速	平均流速	最大流速	平均流速	最大流速
7 号	0.00	0.01	−0.01	−0.01	0.00	−0.01	0.01	0.00
8 号	0.00	0.01	0.00	0.00	0.00	−0.01	0.01	0.00
9 号	0.00	−0.01	0.00	0.00	0.00	0.00	0.02	0.01
10 号	0.00	0.00	0.00	0.01	0.00	0.00	0.03	0.03
11 号	0.00	0.00	0.00	0.00	0.00	0.00	0.01	0.00
12 号	0.00	0.00	0.00	−0.01	0.00	0.00	0.01	0.00
13 号	0.00	0.01	0.00	−0.01	0.00	0.00	0.01	0.00
14 号	0.00	0.00	0.00	0.00	0.00	0.00	0.02	0.00
15 号	0.00	0.01	0.00	0.00	0.00	0.00	0.03	0.01
16 号	0.01	0.00	0.00	0.00	0.00	0.00	0.02	0.00
17 号	0.00	0.01	0.00	0.00	0.00	−0.01	0.03	0.00
18 号	0.00	0.00	0.00	0.00	0.00	0.00	0.03	0.00
19 号	0.00	0.00	0.00	0.00	0.00	0.00	0.03	0.01
20 号	0.00	0.01	0.01	0.01	0.00	0.00	0.03	0.00
21 号	0.01	0.01	0.00	0.00	0.00	0.01	0.04	0.01
22 号	0.00	0.00	0.00	0.00	0.00	0.00	0.04	0.01
23 号	0.01	0.04	0.02	0.03	0.02	0.02	0.02	0.03
24 号	0.03	0.06	0.02	0.05	0.03	0.05	0.04	0.05

3.2　温排水扩散影响分析技术

3.2.1　温排水数学模型

电厂的温水排入工程海域后,由于风、波浪及潮流涡动混合的垂向掺混作用,上、下层温升趋于均匀,分层现象会逐渐消失。本书重点研究较长时间内整个工程海域的温度分布,可以将海水视为单一水体,采用沿水深平均的平面二维数学模式。

1)基本方程

本节以迪拜哈翔电厂为例,介绍温排水扩散影响分析技术。温排水影响分析模型的基本方程与第2章2.4节温排水模拟技术的基本方程相同,采用丹麦水力研究所开发的平面二维数学模型 MIKE21 来进行分析。

2)计算域和网格生成

温排水数学模型计算域及网格划分与潮流水动力数学模型相同,以迪拜哈翔电厂为例。

3.2.2 温度扩散对周围环境的影响分析

本节研究了温度扩散的范围是否影响了迪拜哈翔电厂珊瑚移植的选址。图 3-35、图 3-36 分别显示了大潮涨潮期间最大温度上升值和平均温度上升值,而小潮涨潮期间的最大温度上升值和平均温度上升值分别如图 3-37、图 3-38 所示。

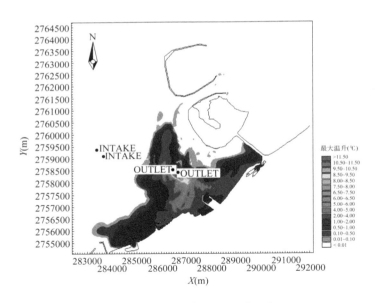

图 3-35　大潮涨潮期间最大温度上升

移植位置坐标如表 3-5 所示。温度上升的过程如图 3-39 ～ 图 3-44 所示。由此可见,温度对迁移点没有影响。

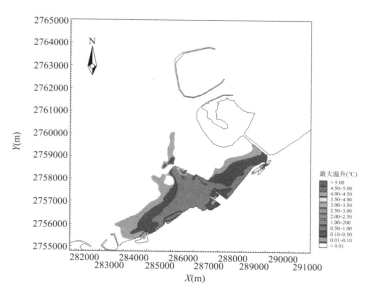

图 3-36 大潮涨潮期间平均温度上升

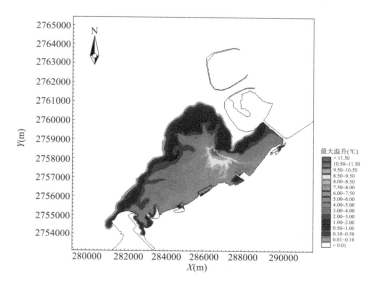

图 3-37 小潮涨潮期间最大温度上升

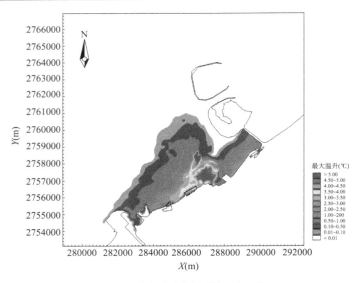

图 3-38　小潮涨潮期间平均温度上升

移 植 位 置 坐 标　　　　　　　　　　　表 3-5

位　　置	纬　　度	经　　度
方案一	24°57′1.55″N	54°53′29.50″E
方案二	24°58′14.35″N	54°52′56.18″E
方案三	24°57′31.65″N	54°55′11.91″E

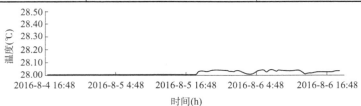

图 3-39　涨潮时备选方案 1 海岛 1 号的温度上升过程

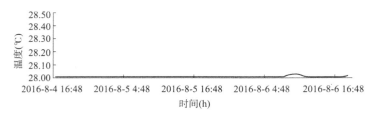

图 3-40　涨潮时备选方案 1 海岛 2 号的温度上升过程

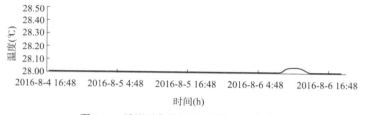

图 3-41 涨潮时备选方案 2 的温度上升过程

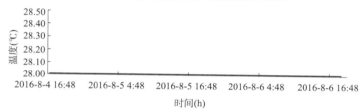

图 3-42 落潮时备选方案 1 海岛 1 号的温度上升过程

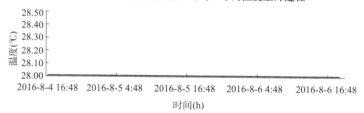

图 3-43 落潮时备选方案 1 海岛 2 号的温度上升过程

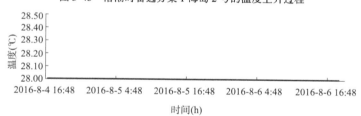

图 3-44 落潮时备选方案 2 的温度上升过程

3.3 氯离子扩散影响分析技术

3.3.1 余氯扩散数学模型

在潮流数学模型基础上,采用 MIKE 21 Transport 模块建立对流—扩散数学模型,对排海口余氯扩散进行了模拟计算。

1）基本方程

MIKE 21 Transport 模块基本方程可表示为：

$$\frac{\partial}{\partial t}(hc) + \frac{\partial}{\partial x}(uhc) + \frac{\partial}{\partial y}(vhc) = \frac{\partial}{\partial x}\left(hD_x\frac{\partial c}{\partial x}\right) + \frac{\partial}{\partial y}\left(hD_y\frac{\partial c}{\partial y}\right) - F \cdot h \cdot c + S$$

$$(3\text{-}1)$$

式中：c——示踪剂浓度；

$\quad u$、v——流速在 x、y 方向上的分量；

$\quad\quad h$——水深；

D_x、D_y——沿 x、y 向的扩散系数；

$\quad\quad F$——衰减系数；

$\quad\quad S$——源项函数。

2）计算域和网格生成

对流—扩散数学模型计算域与潮流数学模型计算域一致。

3.3.2 影响分析

本节以浙江石化项目取排水口工程余氯数模分析为例，介绍氯离子扩散影响分析技术。根据国内现有电厂的调查资料，排放口冷却水余氯含量一般在 $0.1 \sim 0.25\text{mg/L}$，本排水口工程余氯浓度按照 0.2mg/L 考虑。

1）一期取排水工程

（1）夏季大潮期

图 3-45 和图 3-46 分别为一期取排水工程建成后大潮期余氯的最大浓度包络线和平均浓度包络线。最大浓度包络线在涨落潮流作用下主要在石化园区西北侧扩散，较高浓度包络线主要分布在排水口附近；平均浓度包络线则沿北侧和南侧护岸分布。最大余氯浓度大于 0.01mg/L 的水域面积为 2.33km^2，在北岸包络线最远距排水口四约 2.1km，在南岸包络线最远距排水口二约 2.5km；最大余氯浓度大于 0.02mg/L 的水域面积为 1.09km^2，在北岸包络线最远距排水口四约 0.85km，在南岸包络线最远距排水口二约 1.9km；最大余氯浓度大于 0.05mg/L 的水域面积为 0.21km^2，在北岸包络线最远距排水口四约 0.31km，在南岸包络线最远距排水口二约 0.45km；最大余氯浓度大于 0.1mg/L 的水域面积为 0.01km^2，在北岸包络线最远距排水口四约 0.14km；最大余氯浓度大于 0.15mg/L 的水域面积极小。

余氯平均浓度大于 0.01mg/L 的水域面积为 0.73km^2，在北岸包络线最远距排水口四约 0.25km，在南岸包络线最远距排水口二约 0.70km；余氯平均浓度大于 0.02mg/L 的水域面积为 0.02km^2，在北岸包络线最远距排水口四约 0.12km，在南岸包络线最远距排水口二约 0.25km；余氯平均浓度大于 0.05mg/L 的水域面积小于 0.01km²；余氯平均浓度大于 0.1mg/L 和 0.15mg/L 的水域面积极小。

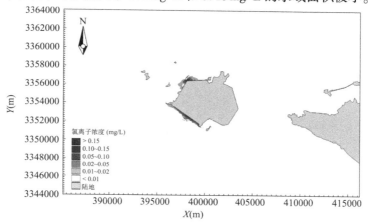

图 3-45　一期取排水工程建成后大潮期余氯最大浓度包络线

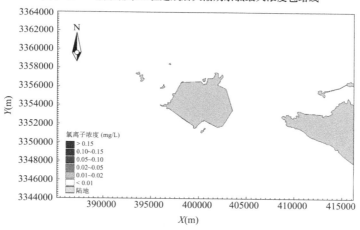

图 3-46　一期取排水工程建成后大潮期余氯平均浓度包络线

（2）夏季小潮期

图 3-47、图 3-48 分别一期取排水工程建成后小潮期余氯的最大浓度包络线和平均浓度包络线。由图可见，浓度包络线平面分布趋势与大潮期类似。最大余氯浓度大于 0.01mg/L 的水域面积为 2.48 km²，在北岸包络线最远距排水口四约 1.7km，在南岸包络线最远距排水口二约 2.2km；最大余氯浓度大于 0.02mg/L 的水域面积为 1.24 km²，在北岸包络线最远距排水口四约 0.75km，在南岸包络线最远距排水口二约 1.7km；最大余氯浓度大于 0.05mg/L 的水域面积为 0.23 km²，在

41

北岸包络线最远距排水口四约0.30km,在南岸包络线最远距排水口二约0.38km;最大余氯浓度大于0.1mg/L的水域面积为0.02 km²,在北岸包络线最远距排水口四约0.16km,在南岸包络线最远距排水口二约0.13km;最大余氯浓度大于0.15mg/L的水域面积极小。

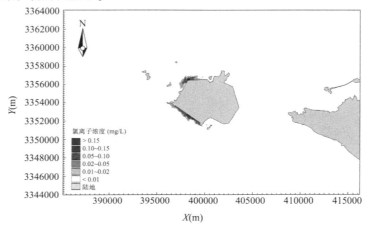

图3-47　一期取排水工程建成后小潮期余氯最大浓度包络线

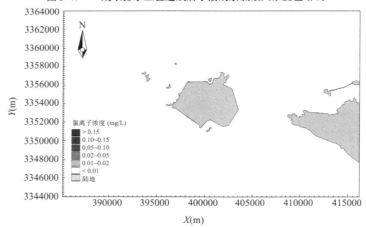

图3-48　一期取排水工程建成后小潮期余氯平均浓度包络线

　　余氯平均浓度大于0.01mg/L的水域面积为0.11 km²,在北岸包络线最远距排水口四约0.23km,在南岸包络线最远距排水口二约0.75km;余氯平均浓度大于0.02mg/L的水域面积为0.02 km²,在北岸包络线最远距排水口四约0.1km,在南岸包络线最远距排水口二约0.15km;余氯平均浓度大于0.05mg/L、0.1mg/L和0.15mg/L的水域面积极小。

2) 二期取排水工程

(1) 夏季大潮期

图 3-49、图 3-50 分别为二期取排水工程建成后大潮期余氯的最大浓度包络线和平均浓度包络线。

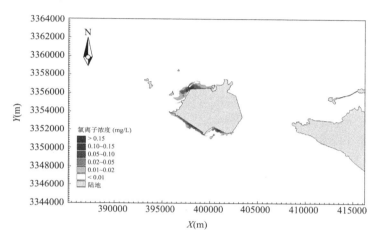

图 3-49　二期取排水工程建成后大潮期余氯最大浓度包络线

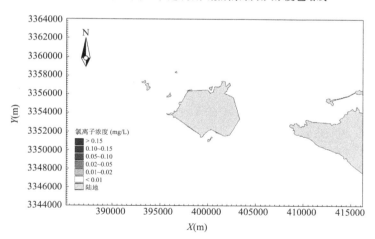

图 3-50　二期取排水工程建成后大潮期余氯平均浓度包络线

余氯最大浓度包络线在涨落潮流作用下主要在石化园区西北侧和东南侧扩散，较高浓度包络线主要分布在排水口附近。最大余氯浓度大于 0.01mg/L 的水域面积为 4.39 km²，在北岸包络线最远距排水口四约 2.8km，在南岸包络线最远距排水口二约 2.6km；最大余氯浓度大于 0.02mg/L 的水域面积为 1.97 km²，在北岸包络线最远距排水口四约 2.1km,在南岸包络线最远距排水口二约 1.9km;最大余氯浓度大于 0.05mg/L 的水域面积为 0.42 km²,在北岸包络线最远距排水口四约 0.55km,在南岸包络线最远距排水口二约 0.45km;最大余氯浓度大于 0.1mg/L 的水域面积为 0.04 km²,在北岸包络线最远距排水口四约 0.2km;余氯最大浓度大于 0.15mg/L 的水域面积小于 0.01 km²。

余氯平均浓度大于 0.01mg/L 的水域面积为 0.19 km²,在北岸包络线最远距排水口四约 0.45km,在南岸包络线最远距排水口二约 1.1km;余氯平均浓度大于 0.02mg/L 的水域面积为 0.04 km²,在北岸包络线最远距排水口四约 0.21km,在南岸包络线最远距排水口二约 0.12km;余氯平均浓度大于 0.05mg/L 的水域面积小于 0.01 km²;余氯平均浓度大于 0.1mg/L 和 0.15mg/L 的水域面积极小。

(2)夏季小潮期

图 3-51 和图 3-52 分别为二期取排水工程建成后小潮期余氯的最大浓度包络线和平均浓度包络线。由图可见,浓度包络线平面分布趋势与大潮期类似,但不同浓度的包络线面积大于大潮期。最大余氯浓度大于 0.01mg/L 的水域面积为 5.21 km²,在北岸包络线最远距排水口四约 2.2km,在南岸包络线最远距排水口二约 2.4km;最大余氯浓度大于 0.02mg/L 的水域面积为 2.49 km²,在北岸包络线最远距排水口四约 1.4km,在南岸包络线最远距排水口二约 1.9km;最大余氯浓度大于 0.05mg/L 的水域面积为 0.46 km²,在北岸包络线最远距排水口四约 0.52km,在南岸包络线最远距排水口二约 0.47km;最大余氯浓度大于 0.1mg/L 的水域面积为 0.03 km²,在北岸包络线最远距排水口四约 0.22km;最大余氯浓度大于 0.15mg/L 的水域面积小于 0.01 km²。

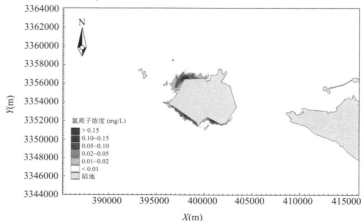

图 3-51 二期取排水工程建成后小潮期余氯浓度最大浓度包络线

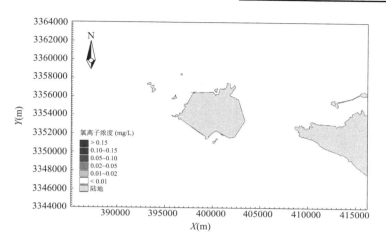

图 3-52 二期取排水工程建成后小潮期余氯平均浓度包络线

余氯平均浓度大于 0.01mg/L 的水域面积为 0.20 km²,在北岸包络线最远距排水口四约 0.37km,在南岸包络线最远距排水口二约 1.1km;余氯平均浓度大于 0.02mg/L 的水域面积为 0.04 km²,在北岸包络线最远距排水口四约 0.16km,在南岸包络线最远距排水口二约 0.16km;余氯平均浓度大于 0.05mg/L 的水域面积小于 0.01 km²,余氯平均浓度大于 0.1mg/L 和 0.15mg/L 的水域面积极小。

3)结论

在潮流数学模型基础上,采用 MIKE21 Transport 模块建立对流—扩散数学模型,对排海口余氯随潮流扩散进行了计算分析。不同计算工况的余氯最大浓度包络线和平均浓度包络线面积分别见表 3-6 和表 3-7。总的来看,余氯与温排水的扩散趋势相似,不同浓度余氯的扩散面积在小潮期大于大潮期,涨潮方向包络线的扩散面积和离岸距离均大于落潮方向。

夏季余氯最大浓度包络线面积统计表　　　表 3-6

工况	潮　　型	影响面积(km²)				
		>0.15mg/L	>0.10mg/L	>0.05mg/L	>0.02mg/L	>0.01mg/L
一期	大潮	0.00	0.01	0.21	1.09	2.33
	小潮	0.00	0.02	0.23	1.24	2.48
二期	大潮	<0.01	0.04	0.42	1.97	4.39
	小潮	<0.01	0.03	0.46	2.49	5.21

夏季余氯平均浓度包络线面积统计表　　　　表 3-7

工况	潮　型	影响面积（km²）				
		>0.15mg/L	>0.10mg/L	>0.05mg/L	>0.02mg/L	>0.01mg/L
一期	大潮	0.00	0.00	<0.01	0.02	0.10
	小潮	0.00	0.00	0.00	0.02	0.11
二期	大潮	0.00	0.00	<0.01	0.04	0.19
	小潮	0.00	0.00	<0.01	0.04	0.20

3.4　沉积物侵蚀与沉积影响分析技术

3.4.1　方法

本节以迪拜哈翔电厂为例,介绍沉积物侵蚀与沉积影响分析技术。在水力模型的基础上,利用 MIKE21 ST 模块建立考虑波浪效应的输沙模型,研究项目区海底侵蚀和沉积。它可以提供不同方向的床层变化率和床/悬吊荷载。在模型中,确定床层高度变化的关键参数是床层高度变化率:

$$-(1-n)\frac{\partial z}{\partial t} = \frac{\partial S_x}{\partial x} + \frac{\partial S_y}{\partial y} - \Delta S \tag{3-2}$$

式中: n——床层孔隙度;

　　z——床层面;

　　S_x—— x 方向上的床荷载或总荷载传输率;

　　S_y——在 y 方向上的床荷载或总荷载传输率;

　　ΔS——沉积物汇或来源率。

ST 模块根据 MIKE21 水动力模块(HD)的水动力数据和 MIKE21 光谱波模块(SW)提供的波浪辐射应力场,计算覆盖项目区域的柔性网格(非结构化网格)上的输沙率提供有关床料特性的信息。模型计算流程如图 3-53 所示。

具体而言,确定年输沙体系的程序概述如下:

(1)从 2016-8-1 0:00 至 2016-8-15 0:00 选择一个适当的 15d 潮作为形态潮,其中包括大潮、小潮和中潮。

(2)建立海浪矩阵案例(见波浪建模),建立 15d 的波浪边界条件。

(3)产生包括表 3-8 中所示的参数范围的波浪、海流、沉积物和海底条件下的水流/波浪耦合输运所需的输沙量表。

（4）利用（2）的边界波和（1）的水位变动来设定运转波流，输出解耦流量条件。

（5）使用分离的文件驱动沙运输（ST）模块获取潮汐和波浪。使用均匀的平均沉积物尺寸（D_{50}）为 0.28mm，分选系数为 2.0（表 3-9）。

（6）在建模中使用加速函数，并获得年沉降率。

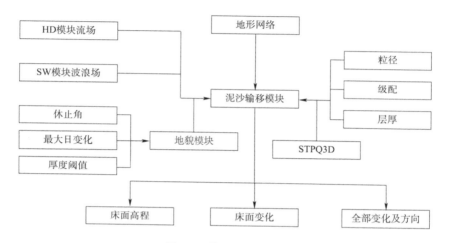

图 3-53　模型计算流程图

波浪输入参数　　　　　　　　　　表 3-8

波向（°）	H_{m0}（m）	T_p（s）	频率（%）
225	0.75	4.5	0.2
247.5	0.75	4.5	0.19
270	1.25	5.6	0.59
292.5	2.75	8.4	6.73
315	1.75	6.5	10.56
337.5	0.75	4.5	3.69
0	0.75	4.5	1.2
22.5	0.75	4.5	2.16
45	1.25	5.6	1.08
67.5	1.25	6.5	0.12
无波浪			73.48

泥沙输运建模中使用的参数 表3-9

参　　数	取　　值
泥沙输运方程	Doering 和 Bowen 半经验理论
纯流条件下泥沙输运理论	Engelund 和 Fredsoe
泥沙粒径: D_{50}, $\sqrt{D_{84}/D_{16}}$	0.28mm, 2.0
破碎指标	0.8
床面浓度	定量
温度	24°C
临界 Shields 数	0.05

在输沙模拟中,除平均粒径和分选系数外,默认的输沙模型设置和参数值被认为是合理的。

3.4.2 影响分析

项目年沉降强度场如图 3-54 所示,其中 1~9 号点年沉积强度见表 3-10,年平均沉积强度为 0.07m/a,沉积量为 $3.6 \times 10^3 m^3/a$。泊位年平均沉降强度为 0.10m/a,沉积量为 $1.6 \times 10^3 m^3/a$。通道年平均沉积强度为 0.02m/a,沉积量为 $4.1 \times 10^3 m^3/a$。

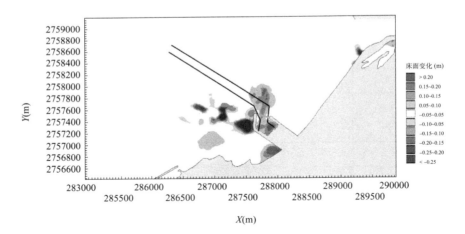

图 3-54　项目年沉降强度场(黑线指示通道)

不同地区的年沉积强度 表 3-10

区　　域		年沉降强度 （m/a）	面积 （m²）	沉积量 （10³m³/a）
码头	1 号	0.13	14010	1.6
	2 号	0.08		
港池	3 号	0.07	51428	3.6
	4 号	0.07		
	5 号	0.06		
航道	6 号	0.08	63800	4.1
	7 号	0.07		
	8 号	0.07		
	9 号	0.05		

（1）研究区内的潮汐为半日潮。在 0.01~0.06m/s 的范围内,平均流速较弱。

（2）工程建设后,流域内流速减小,防波堤头部流速增加。项目对环境的影响仅限于项目区内,其他区域因速度变化而产生的影响可以忽略不计。

（3）在运行条件下,下面列出年沉降强度的静态值。盆地年平均沉积强度为 0.07m/a,沉积量为 $3.6 \times 10^3 m^3/a$。泊位年平均沉降强度为 0.10m/a,沉积量为 $1.6 \times 10^3 m^3/a$。河道年平均沉积强度为 0.02m/a,沉积量为 $4.1 \times 10^3 m^3/a$。

3.5　本章小结

本章主要针对滨海电厂水环境影响定量评估技术,介绍了迪拜哈翔电厂的潮流动力、温排水扩散、氯离子扩散和沉积物侵蚀对滨海电厂工程项目周围水环境的影响,并且对电厂建设导致的环境变化程度与影响范围进行定量评估,为滨海电厂的选址与设计优化提供依据。

4　滨海电厂生态特征调查与分析技术

4.1　水质调查与分析技术

4.1.1　海水水质介绍

本节以迪拜哈翔电厂为例,介绍水质调查与分析技术。海水水质调查目的是在 2016 年 7 月期间建立项目区周围海水水质的最新基准。选定了包括 26 个海洋站(M1～M26)和 2 个潟湖站(L1、L2)的 28 个取样点,以确定现有海水水质的条件(图 4-1)。

图 4-1　2016 年 7 月项目区海洋水质、浮游植物、底栖、大型底栖动物、哺乳动物、爬行动物、
水鸟、潮间带和潟湖抽样站(来源:Google Earth)

4.1.2　水质测量方法

所采用的方法遵循 TSDIWTE 与 IDE 于 2016 年 6 月 30 日签署的协议中规定的程序。现场水质分析在所有 28 个地点进行(图 4-2)。使用 Hydrolab 系列 5 多参

数探针,该探针主要测量水体的表面、中间和底部深度。在监测之前,指定的标准对水质监测设备进行了预校准。表4-1列出了现场水质监测设备的精度。

现场水质监测设备的精度　　　　　　　　　　　表 4-1

参　　数	数　　值	参　　数	数　　值
溶解氧	0.01mg/L	盐度	0.2‰
浊度	0.1 度	pH 值	0.01
水温	0.01℃		

使用 Niskin 水质采样器(图4-3),在水体表面(-0.5m 以下)的 28 个站点收集了水质样品用于随后的实验室分析。将水样收集在琥珀色玻璃和高密度聚乙烯塑料瓶中,容量为 1L,保存在冰箱中,并送到迪拜市/ EPSS&ENAS 认证实验室,必维国际检验检疫公司(Bureau Veritas Group)在严格的监管链下进行 QC/QA 程序分析。从每个位置收集重复的样品(20% 的样品作为重复质量控制的实验室结果),使用 EPA、USEPA 和 APHA(APHA 1998)(表4-2)中规定的标准方法和标准进行 26 项参数分析。

图4-2　项目区水质分析(2016 年 7 月)　　　图4-3　项目区水质抽样(2016 年 7 月)

2016 年 7 月项目区水质抽样和分析参数清单　　　　　表 4-2

序号	监测参数	单　　位	最小检测上限	方　　法
1	总悬浮物	mg/L	1	APHA 2540 D
2	生物需氧量(BOD_5)	mg/L	1	APHA 5210 B
3	氮氧化物(NO_2-N)	mg/L	0.001	APHA 4500 NO_2 B
4	氮氧化物(NO_3-N)	mg/L	0.001	APHA 4500 NO_3 E
5	硫酸盐(PO_4^{3-})	mg/L	0.001	APHA 4500 P C
6	总磷	mg/L	0.1	APHA 4500 P
7	总氮	mg/L	0.1	APHA 4500 N

续上表

序号	监测参数	单　位	最小检测上限	方　法
8	氨氮(NH_3N)	mg/L	0.001	APHA 4500 NH_3 B 和 C
9	铝	mg/m³	1	APHA 10200 H
10	砷	mg/L	0.01	APHA 3120 B
11	铝	mg/L	0.1	APHA 3120 B
12	铬	mg/L	0.003	APHA 3120 B
13	铬	mg/L	0.01	APHA 3120 B
14	铜	mg/L	0.005	APHA 3120 B
15	铁	mg/L	0.1	APHA 3120 B
16	铅	mg/L	0.05	APHA 3120 B
17	锰	mg/L	0.05	APHA 3120 B
18	银	mg/L	0.001	APHA 3120 B
19	镍	mg/L	0.05	APHA 3120 B
20	硒	mg/L	0.01	APHA 3120 B
21	V 钒	mg/L	0.05	APHA 3120 B
22	锌	mg/L	0.02	APHA 3120 B
23	硼	mg/L	0.5	APHA 3120 B
24	大肠杆菌	个/100mL	1	APHA 9222 D
25	总有机碳	mg/L	0.1	HACH / USEPA 9060 A
26	总石油烃	mg/L	0.001	EPA 5030 B/8015C/ 3510C/8270D

4.1.3　结果与讨论

1）现场水质分析

现场水质分析结果总结如下。

（1）溶解氧

水体系中溶解氧（DO）含量是影响水生生物的重要因素。可用的 DO 源自大气和光合作用。有机物氧化有助于水体中氧的消耗。改变氧气供应和消耗之间的平衡导致特征 DO 分布。因此，在有氧条件下，氧气含量是与水体状态相关的最合适的措施之一。DO 被呼吸和腐烂的有机物消耗。因此，水生系统中有机质含量高，可能会使 DO 消耗水分，对水生生物有害。水生生物的健康与水的 DO 水平密切相关,从而水质评估成为最关键的因素。

2016 年 7 月 19 日至 7 月 21 日期间,在水柱(表面、中部和底部)溶解氧(DO)含量在 6.13 ~ 6.18 mg/L 的范围内变化(平均值为 6.26mg/L)。表层 DO 含量,中,下层项目区水质表现均衡。项目区的 DO 记录水平与迪拜海岸线早期记录(Mustafa 和 Deshgooni,2005)相当,并且完全符合 DM 水质目标的合规限值(表 4-3 和图 4-4)。

DM 海洋水质目标 表 4-3

指　　标	最　大　值
物理—化学参数	
生化需氧量	10mg/L
残余氯	0.01mg/L
溶解氧(DO)	不低于 5mg/L 或 90% 饱和度
氨氮(NH_3-N)	0.1mg/L
硝态氮(NO_3-N)	0.5mg/L
总氮	2.0mg/L
石油烃	0.001mg/L(芳烃组分)
酸碱度	1pH 酸碱度变化
磷酸磷(PO_4-P)	0.05mg/L
温度	2℃变化
总溶解性固体物质(TDS)	2%变化
浊度/颜色	75 单位或者透光率小于 20%
总悬浮固体含量(TSS)	10mg/L 平均值;15mg/L 最大值
微量元素	
铝	0.2 mg/L
砷	0.01mg/L
钙	0.003mg/L
铬	0.01mg/L
铜	0.005mg/L
铁	0.2 mg/L

指 标	最 大 值
微量元素	
汞	0.001mg/L
锌	0.02mg/L
细菌	
大肠杆菌	200 有机体/100mL 水

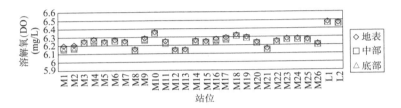

图 4-4 2016 年 7 月项目区地表、中部和底部溶解氧的变化情况

（2）盐度

2016 年 7 月项目区监测站平均盐度在 42.32‰ ~48.64‰之间变化,总体平均盐度为 42.83‰。项目区域的盐度水平与 Hunter(1982)提出的阿拉伯海湾地区典型盐度制度相当。由于霍尔木兹海峡,浅层深度和高蒸发速率造成的流量限制,本书提出了高达 45‰的增加。Hashim 和 Hajjaj(2005)（图 4-5）证实了这一观察结果。

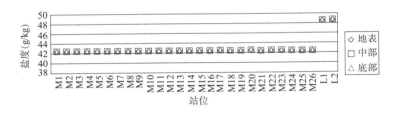

图 4-5 2016 年 7 月项目区地表、中部和底部盐度变化

（3）浊度

浊度是由通常对肉眼不可见的大量单个颗粒或微观浮游生物引起的流体的混浊或混浊,类似于空气中的烟雾。浊度的测量是水质的关键测试。项目区地表和底部浊度水平低于 0.64 ~2.16NTU,平均值为 1.14NTU,浊度水平完全符合 DM 水质目标(表 4-3 和图 4-6)。

（4）温度

正如预期的动态,浅海岸和潟湖地区的水温根据空气温度而变化。在2016年7月期间,项目区观测到的水温变化(34.04~34.62℃,平均34.35℃)符合DM的水质目标(图4-7)。

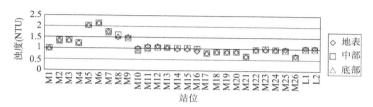

图4-6　2016年7月项目区地面、中部和底部浊度变化

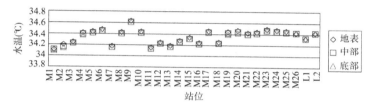

图4-7　2016年7月项目区地表、中部和底部水温变化

（5）pH值

在原位水质调查期间测量的平均pH在8.14~8.24范围内,平均值为8.198。阿拉伯湾沿岸水的pH值通常在7.8~8.3之间。溶解的二氧化碳是酸性的,但由反应($CO_2 + H_2O = HCO_3^- + H^+$)产生的游离的$H^+$离子被缓冲,形成不同比例的$CO_2$、$HCO_3^-$、$CO_3^{2-}$的pH值。二氧化碳的酸性特征和高水平的呼吸和光合作用可能会导致海水pH值的轻微波动(Naqwi和Jayakumar 2000)。项目区不同采样点的pH值水平变化不大。通常情况下,由于浅水和垂向的湍流作用,阿拉伯联合酋长国海域的pH值水平变化并不显著。项目区的记录pH值符合DM的水质目标(表4-3和图4-8)。

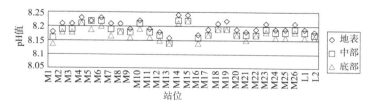

图4-8　2016年7月项目区地表、中部和底部pH值变化

(6)Secchi 光盘(水体透明度)

Secchi 磁盘读数用于一个水体的透明度视觉测量。将 20cm 直径的 Secchi 盘下降到水柱中,直至不再可见,并记录水深作为水的透明度的量度。项目区平均阅读盘数为 2.40m(图 4-9)。

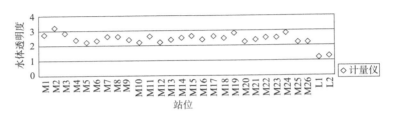

图 4-9 2016 年 7 月沿项目区的变化 Secchi 光盘阅读

2)异地实验室水质分析

实验室水质分析结果总结在表 4-4 中,并在下文进一步描述。

(1)总悬浮固体含量(TSS)

水体可能含有各种悬浮固体或溶解物质。在量化这些杂质的水平时,"悬浮固体"是用于描述水柱中颗粒的术语。实际上,它们被定义为足够大的颗粒被用于将它们与水样品分离的过滤器保留的颗粒。较小的颗粒以及分子离子被称为溶解固体。2016 年 7 月项目区总悬浮固体含量(TSS)在 4 ~ 5mg/L 范围内(平均值为 4.75mg/L)。这些水平符合 DM 海洋和沿海水域的水质目标(表 4-3 和图 4-10)。

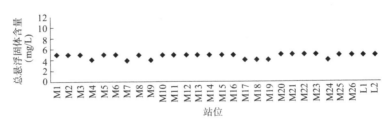

图 4-10 2016 年 7 月项目区地面总悬浮固体含量变化

(2)生化需氧量 BOD$_5$

生化需氧量是在特定时间段内维持在固定温度样品中的生物有机体消耗的溶解氧的量,通常为 5d 内的 BOD 平均值,即 BOD$_5$。样品中含有的有机物质的高值将导致较高的 BOD$_5$ 值。

2016 年 7 月对样品表面和底部 BOD$_5$ 进行分析,显示了项目区域的平均值小于 2mg/L 的范围。BOD 的水平符合 DM 的水质目标(表 4-3 和图 4-11)。

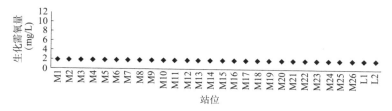

图 4-11 2016 年 7 月项目区生物化学需氧量的变化

（3）营养成分

溶解的氮和磷化合物以低浓度存在于海水中。氮主要以硝酸盐（NO_3-N）和低浓度亚硝酸盐（NO_2-N）的形式存在,而磷的主要无机化合物是磷酸盐（PO_4-P）。水中高浓度的这些营养物质可导致藻类过度生长,导致富营养化（Lundberg,2005）。2016 年 7 月项目区营养素 NO_3-N 和 PO_4-P 含量分别为 0.03 ~ 0.06mg/L（平均值为0.05mg/L）和 0.01 ~ 0.03mg/L（平均值为 0.05mg/L）（表 4-3、表 4-4、图 4-12、图 4-13）。项目区的营养成分记录水平与 2005 年和 2005 年由 Mustafa 和 Deshgooni记录的 2001 年和 2002 年迪拜沿海水域的早期值相当。营养成分的记录水平在 DM水质目标（表 4-3）的合规范围内。总氮和氨氮的水平也在 DM 水质目标（表 4-3、表 4-4、图 4-12 ~ 图 4-15）的合规范围内。

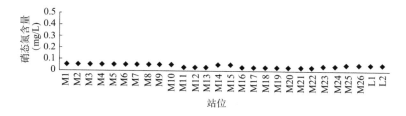

图 4-12 2016 年 7 月项目区硝态氮含量变化

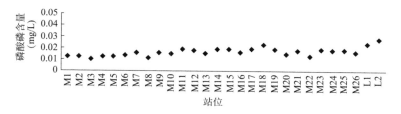

图 4-13 2016 年 7 月项目区磷酸磷含量变化情况

2016 年 7 月项目区地表水质变化

表 4-4

参数	单位	M1	M2	M3	M4	M5	M6	M7	M8	M9	M10	M11	M12	M13	M14	M15	M16	M17	M18	M19	M20	M21	M22	M23	M24	M25	M26	L1	L1
总悬浮固体	mg/L	5.00	5.00	5.00	4.00	5.00	5.00	4.00	5.00	4.00	5.00	5.00	5.00	5.00	5.00	5.00	5.00	4.00	4.00	4.00	5.00	5.00	5.00	5.00	4.00	5.00	5.00	5.00	5.00
生化需氧量	mg/L	<2.00	<2.00	<2.00	<2.00	<2.00	<2.00	<2.00	<2.00	<2.00	<2.00	<2.00	<2.00	<2.00	<2.00	<2.00	<2.00	<2.00	<2.00	<2.00	<2.00	<2.00	<2.00	<2.00	<2.00	<2.00	<2.00	<2.00	<2.00
硝态氮	mg/L	0.017	0.022	0.023	0.019	0.025	0.022	0.019	0.026	0.023	0.012	0.011	0.018	0.015	0.016	0.013	0.023	0.012	0.023	0.026	0.012	0.013	0.014	0.015	0.026	0.022	0.018	0.029	0.027
磷酸磷(PO₄-P)	mg/L	0.012	0.013	0.01	0.012	0.013	0.014	0.015	0.011	0.016	0.015	0.019	0.018	0.015	0.019	0.019	0.016	0.019	0.023	0.019	0.015	0.018	0.013	0.019	0.018	0.018	0.016	0.024	0.028
总氮	mg/L	0.25	0.31	0.29	0.27	0.35	0.38	0.23	0.38	0.26	0.23	0.21	0.22	0.26	0.3	0.31	0.26	0.21	0.26	0.33	0.32	0.29	0.23	0.25	0.36	0.34	0.26	0.38	0.36
总磷酸盐	mg/L	0.04	0.05	0.05	0.04	0.04	0.05	0.06	0.05	0.04	0.04	0.03	0.03	0.08	0.06	0.07	0.08	0.08	0.07	0.07	0.08	0.07	0.07	0.07	0.08	0.09	0.08	0.09	0.09
氨氮	mg/L	0.01	0.01	0.01	0.01	0.01	0.01	0.01	0.01	0.01	0.01	0.01	0.01	0.01	0.01	0.01	0.01	0.01	0.01	0.01	0.01	0.01	0.01	0.01	0.01	0.01	0.01	0.01	0.01
叶绿素 a	mg/m³	0.96	1.01	1.02	1.06	0.96	1.01	0.68	0.95	0.98	0.96	0.94	0.96	1.08	1.02	1.04	1.06	0.98	0.99	1.01	0.99	0.96	0.95	0.98	0.97	1.01	1.04	1.08	1.12
砷	mg/L	<0.01	<0.01	<0.01	<0.01	<0.01	<0.01	<0.01	<0.01	<0.01	<0.01	<0.01	<0.01	<0.01	<0.01	<0.01	<0.01	<0.01	<0.01	<0.01	<0.01	<0.01	<0.01	<0.01	<0.01	<0.01	<0.01	<0.01	<0.01
铝	mg/L	<0.10	<0.10	<0.10	<0.10	<0.10	<0.10	<0.10	<0.10	<0.10	<0.10	<0.10	<0.10	<0.10	<0.10	<0.10	<0.10	<0.10	<0.10	<0.10	<0.10	<0.10	<0.10	<0.10	<0.10	<0.10	<0.10	<0.10	<0.10
镉	mg/L	<0.01	<0.01	<0.01	<0.01	<0.01	<0.01	<0.01	<0.01	<0.01	<0.01	<0.01	<0.01	<0.01	<0.01	<0.01	<0.01	<0.01	<0.01	<0.01	<0.01	<0.01	<0.01	<0.01	<0.01	<0.01	<0.01	<0.01	<0.01
铬	mg/L	<0.01	<0.01	<0.01	<0.01	<0.01	<0.01	<0.01	<0.01	<0.01	<0.01	<0.01	<0.01	<0.01	<0.01	<0.01	<0.01	<0.01	<0.01	<0.01	<0.01	<0.01	<0.01	<0.01	<0.01	<0.01	<0.01	<0.01	<0.01
铜	mg/L	<0.05	<0.05	<0.05	<0.05	<0.05	<0.05	<0.05	<0.05	<0.05	<0.05	<0.05	<0.05	<0.05	<0.05	<0.05	<0.05	<0.05	<0.05	<0.05	<0.05	<0.05	<0.05	<0.05	<0.05	<0.05	<0.05	<0.05	<0.05
铁	mg/L	<0.05	<0.05	<0.05	<0.05	<0.05	<0.05	<0.05	<0.05	<0.05	<0.05	<0.05	<0.05	<0.05	<0.05	<0.05	<0.05	<0.05	<0.05	<0.05	<0.05	<0.05	<0.05	<0.05	<0.05	<0.05	<0.05	<0.05	<0.05
铅	mg/L	<0.10	<0.10	<0.10	<0.10	<0.10	<0.10	<0.10	<0.10	<0.10	<0.10	<0.10	<0.10	<0.10	<0.10	<0.10	<0.10	<0.10	<0.10	<0.10	<0.10	<0.10	<0.10	<0.10	<0.10	<0.10	<0.10	<0.10	<0.10
锰	mg/L	<0.05	<0.05	<0.05	<0.05	<0.05	<0.05	<0.05	<0.05	<0.05	<0.05	<0.05	<0.05	<0.05	<0.05	<0.05	<0.05	<0.05	<0.05	<0.05	<0.05	<0.05	<0.05	<0.05	<0.05	<0.05	<0.05	<0.05	<0.05
汞	mg/L	<0.001	<0.001	<0.001	<0.001	<0.001	<0.001	<0.001	<0.001	<0.001	<0.001	<0.001	<0.001	<0.001	<0.001	<0.001	<0.001	<0.001	<0.001	<0.001	<0.001	<0.001	<0.001	<0.001	<0.001	<0.001	<0.001	<0.001	<0.001
镍	mg/L	<0.05	<0.05	<0.05	<0.05	<0.05	<0.05	<0.05	<0.05	<0.05	<0.05	<0.05	<0.05	<0.05	<0.05	<0.05	<0.05	<0.05	<0.05	<0.05	<0.05	<0.05	<0.05	<0.05	<0.05	<0.05	<0.05	<0.05	<0.05
硒	mg/L	<0.01	<0.01	<0.01	<0.01	<0.01	<0.01	<0.01	<0.01	<0.01	<0.01	<0.01	<0.01	<0.01	<0.01	<0.01	<0.01	<0.01	<0.01	<0.01	<0.01	<0.01	<0.01	<0.01	<0.01	<0.01	<0.01	<0.01	<0.01
钒	mg/L	<0.05	<0.05	<0.05	<0.05	<0.05	<0.05	<0.05	<0.05	<0.05	<0.05	<0.05	<0.05	<0.05	<0.05	<0.05	<0.05	<0.05	<0.05	<0.05	<0.05	<0.05	<0.05	<0.05	<0.05	<0.05	<0.05	<0.05	<0.05
锌	mg/L	<0.05	<0.05	<0.05	<0.05	<0.05	<0.05	<0.05	<0.05	<0.05	<0.05	<0.05	<0.05	<0.05	<0.05	<0.05	<0.05	<0.05	<0.05	<0.05	<0.05	<0.05	<0.05	<0.05	<0.05	<0.05	<0.05	<0.05	<0.05
硼	mg/L	<0.10	<0.10	<0.10	<0.10	<0.10	<0.10	<0.10	<0.10	<0.10	<0.10	<0.10	<0.10	<0.10	<0.10	<0.10	<0.10	<0.10	<0.10	<0.10	<0.10	<0.10	<0.10	<0.10	<0.10	<0.10	<0.10	<0.10	<0.10
		<0.50	<0.50	<0.50	<0.50	<0.50	<0.50	<0.50	<0.50	<0.50	<0.50	<0.50	<0.50	<0.50	<0.50	<0.50	<0.50	<0.50	<0.50	<0.50	<0.50	<0.50	<0.50	<0.50	<0.50	<0.50	<0.50	<0.50	<0.50
大肠杆菌	有机物/100 mL	—	—	—	—	—	—	—	—	—	—	—	—	—	—	—	—	—	—	—	—	—	—	—	—	—	—	—	—
总有机碳	(%)	2.63	2.66	2.72	2.82	2.56	2.59	2.55	2.62	2.86	2.88	2.78	2.77	2.56	2.92	2.99	2.53	2.55	2.62	2.87	2.81	2.56	2.5	2.62	2.69	2.56	2.89	2.45	2.63
总石油烃	mg/L	<0.001	<0.001	<0.001	<0.001	<0.001	<0.001	<0.001	<0.001	<0.001	<0.001	<0.001	<0.001	<0.001	<0.001	<0.001	<0.001	<0.001	<0.001	<0.001	<0.001	<0.001	<0.001	<0.001	<0.001	<0.001	<0.001	<0.001	<0.001

（4）叶绿素 a

选择叶绿素 a 作为水质指标，因为它是浮游植物生物量的指标，浓度反映了许多水质因素的综合影响。从 2016 年 7 月项目区域记录的叶绿素 a（0.99mg/m³）的平均水平较低，与迪拜海岸水早期价值（Mustafa 和 Deshgooni，2005）相当（表 4-4 和图 4-16）。

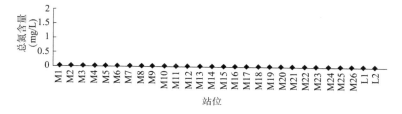

图 4-14　2016 年 7 月项目区总氮含量变化情况

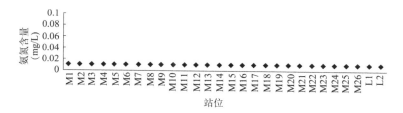

图 4-15　2016 年 7 月项目区氨氮含量变化情况

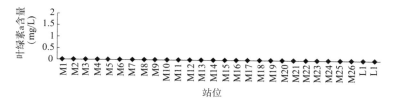

图 4-16　2016 年 7 月项目区叶绿素 a 含量变化情况

（5）重金属

分析重金属的水样显示低于和等于可追溯程度的砷（As）、铝（Al）、镉（Cd）、铬（Cr）、铜（Cu）、铁（Fe）、铅（Pb）、锰。2016 年 7 月从地表水中收集的所有样品中的（Mn）、汞（Hg）、镍（Ni）、硒（Se）、钒（V）和锌（Zn）。这些水平在 DM 海洋和沿海水质目标中列出的重金属污染物的最大允许限度内（表 4-3 和表 4-4）。

（6）大肠杆菌

所有样品测定的大肠杆菌大肠杆菌计数低于微量水平，并且在 DM 海洋和沿海水质目标允许的最大水平以内(表 4-3 和表 4-4)。

(7)总有机碳

总有机碳(TOC)是水样中存在的有机碳总量的量度。TOC 来自活体或化学物质的腐烂物质,细菌生长和代谢活性。TOC 是一个有用的决定因素,用于评估水样中碳的含量,以显示其有机碳含量。碳含量越高,其消耗氧气的可能性就越大。TOC 从 2.45% 变化至 2.99% ,平均水平为 2.69% (表 4-4)。

(8)总石油烃

总石油烃(TPH)是用于原油中发现的任何烃类混合物的术语。有几百种这些化合物,但不是全部发生在任何一种样品中。原油用于制造可能污染环境的石油产品。因为原油和其他石油产品中有多种不同的化学物质,所以单独测量是不实际的。但是,测量站点 TPH 的总量是有用的。在所有样本中,沿项目区海洋基线监测方案记录的 TPH 水平均低(< 0.001mg/L)。水平在 DM 的海水水质目标(表 4-3 和表 4-4)中确定的数值之内。

4.1.4 结论

(1)在项目区 28 个取样站获得更新和全面的基准水质数据集。

(2)水质、营养物质(硝酸盐、磷酸盐、氨氮和总氮)均符合海事和沿海水域水质指标规定的限值。

(3)BOD、TSS、重金属、大肠杆菌和总石油碳氢化合物的含量为低水平,并且其含量符合 DM 的海水质目标中设定的限度。

4.2 底质调查与分析技术

4.2.1 介绍

沉积物对于评估海洋环境污染十分重要。河口和沿海的海洋沉积物充当了从陆地运输的许多物质的水槽。许多天然存在的物质,如微量金属、碳氢化合物和营养物,可能由于自然过程以及人为活动而被迫运动,这些物质会在沿海沉积物中积累。虽然水质测量提供了测量污染物投入的即时状态,但对许多决定因素而言,在取样和分析期间,它们很容易受到污染。对于不易溶解的污染物来说,这些污染物很快就会固定在水体中的固体颗粒物上,这样会给水质检测带来困难。而底质调查特别适用于重金属的检测。因为在接近点源的情况下,水中的金属含量也会降低很多,这就给从水质中检测出重金属带来了困难。因此,确定沉积物中的金属含量在探测水生系统中的污染源方面发挥着关键作用（Förstner 和 Wittman，1981）。

4.2.2　方法

本节以迪拜哈翔电厂为例，介绍底质调查与分析技术。

2016 年 7 月项目区的 26 个采样点采用不锈钢 Van Veen 采样器获取底部沉积物（图 4-17）。

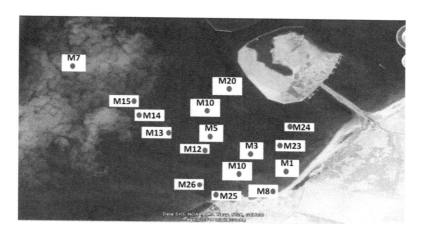

图 4-17　2016 年 7 月项目区沿岸沉积物质量、浮游动物和有害藻华（HABs）孢囊取样站
（来源：Google Earth）

将沉积物样品收集在 1kg 容量的预清洁玻璃容器中，并送至迪拜市/EPSS 认可实验室检查员国际有限公司，在严格的监管链下进行 QC/QA 程序分析。从每个地点收集重复的样本（30% 的样本作为实验室结果质量控制的副本）。沉淀物样品在电烘箱中干燥并在玛瑙研钵中粉化。根据标准方法分析沉淀物的 23 个参数（表 4-5）。

沉积物分析检测标准　　　　　　　　　　　　　　　　表 4-5

测　　试	方　　法	单　　位	检测标准
总氮	硝酸盐经过硫化后的比色测定	mg/kg	0.5
总磷	EPA 3050 B/6010 C	mg/kg	0.5
总石油碳氢化合物	EPA 8015 / 5035 EPA 8015 / 3550 C / 8270	mg/kg	1

续上表

测　　试	方　　法	单　　位	检测标准
砷			0.1
硼			0.1
镉			0.1
铬			0.1
铜			0.1
铅			0.1
锰			0.1
镍			0.01
锌	APHA 3120 B	mg/kg	0.1
铝			0.1
锡			<0.01
汞			<0.001
钒			<0.05
硅			<0.01
钡			<0.05
钴			<0.01
铁			0.1
粒径分析	BS 1377：Part 2：9.2；1990，AMD 9027：96	%	—
总有机碳	MOOPAM	%	0.05
水分含量	APHA 2540 G	%	

在阿联酋没有固定的沉积物质量生态标准。沉积物质量的结果与美国国家海洋大气管理局第 99-1 号报告（1999 年）和荷兰污染土地标准（由住房、空间规划和环境部发布）进行了比较。DCLS 的干预价值为"当土壤对人、植物和动物的功能特性受到严重损害或威胁时"的浓度。这些水平来自基于风险的生态毒理学和人类毒理学的综合研究，被认为是当前行业最佳的实践代表。目前在阿联酋的环境影响评估研究中使用这些标准。

4.2.3　结果和讨论

（1）总氮和总磷

项目区域样本中的总氮和总磷含量和为 38~150mg/kg（平均值为 73.13mg/kg）

和 118~295mg/kg(平均值为 224.44mg/kg)。这些水平的提高可能与自然发生的营养水平相关(图 4-18)。磷通常以可自由获得的正磷酸盐离子(PO_4^{3-})的一部分存在于自然界,由一个 P 原子和四个氧原子组成。在陆地上,大多数磷在岩石和矿物中被发现。氮在沉积物中的分布和循环主要通过细菌活动来实现,尽管大型底栖生物群落也可能通过其对沉积物和排泄的扰动而发挥重要作用(Yamamuro 和 Koike,1998)。

水体从大气来源中得到的氮含量没有从陆地径流中得到的含量高。然而,大气中氮化物,如由于排出的汽车尾气氧化亚氮污染可能非常大,可影响初级生产力(Esteves,1988 年)。总体上,项目区的营养水平略有提高,可能与自然产生的营养盐浓度有关(图 4-18)。

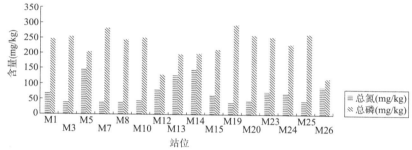

图 4-18 2016 年 7 月项目区沉积物中总氮和总磷的含量

(2)总有机碳

EPA(2002)建议沉积物中总有机碳(TOC)按以下评估类别:影响力较小,<1%;中间影响力,1%~3%;高影响力,>3%。

项目区域 TOC(1.24%)的平均结果显示中等重要影响的次要中间影响力(表 4-6)。

(3)含水率

从项目区沉积物记录下来看沉积物样品平均含水率为 37.49%(表 4-6)。

(4)重金属

微量金属作为环境中的天然成分存在于海水、海洋生物和沉积物中。在试图评估微量金属污染之前,必须了解微量金属的自然含量水平,或至少了解其在海洋环境中的基本浓度(Anderlini 等人,1986)。因此,将重金属与 NOAA HAZMAT 和 DCLS 标准的基本水平进行比较(表 4-7)。砷(平均值<0.1mg/kg)、硼(平均值 14.39mg/kg)、镉(平均值<0.01mg/kg)、铬(平均值 7.41mg/kg)、铜(平均值 3.80mg/kg)、铅(平均值<0.05mg/kg)、锰(平均值 42.33mg/kg)、镍(平均值

表 4-6

2016 年 7 月项目区内沉积物质量变化

参数	单位	M1	M3	M5	M7	M8	M10	M12	M13	M14	M15	M19	M20	M23	M24	M25	M26
总氮	mg/kg	72.00	40.00	150.00	41.00	38.00	44.00	80.00	132.00	147.00	62.00	38.00	46.00	74.00	68.00	46.00	92.00
总磷	mg/kg	247.00	255.00	205.00	283.00	246.00	252.00	129.00	198.00	201.00	215.00	295.00	261.00	254.00	232.00	264.00	118.00
总石油碳氢化合物	mg/kg	<0.01	<0.01	<0.01	<0.01	<0.01	<0.01	<0.01	<0.01	<0.01	<0.01	<0.01	<0.01	<0.01	<0.01	<0.01	<0.01
砷	mg/kg	<0.01	<0.01	<0.01	<0.01	<0.01	<0.01	<0.01	<0.01	<0.01	<0.01	<0.01	<0.01	<0.01	<0.01	<0.01	<0.01
硼	mg/kg	15.60	15.00	12.30	19.00	14.10	14.60	<0.05	10.90	11.20	14.50	16.00	14.10	15.10	16.00	15.20	14.40
镉	mg/kg	<0.01	<0.01	<0.01	<0.01	<0.01	<0.01	<0.01	<0.01	<0.01	<0.01	<0.01	<0.01	<0.01	<0.01	<0.01	<0.01
铬	mg/kg	10.80	2.20	15.20	3.60	4.20	3.40	4.00	14.30	14.80	9.30	5.60	8.50	6.10	6.30	4.20	6.10
铜	mg/kg	3.40	3.50	4.00	3.20	4.10	4.20	5.60	3.20	4.40	3.60	3.20	3.10	4.50	3.60	3.10	4.10
铅	mg/kg	<0.05	<0.05	<0.05	<0.05	<0.05	<0.05	<0.05	<0.05	<0.05	<0.05	<0.05	<0.05	<0.05	<0.05	<0.05	<0.05
锰	mg/kg	69.80	34.80	50.80	13.90	29.30	33.20	66.10	46.20	49.30	63.20	13.20	29.00	49.20	50.20	12.80	66.30
镍	mg/kg	5.30	4.00	20.80	5.00	6.00	4.00	70.60	16.10	17.20	3.20	6.40	5.70	3.60	3.90	4.20	73.10
锌	mg/kg	12.60	14.40	14.70	13.20	12.50	10.20	8.60	11.00	11.26	12.40	7.60	8.80	8.40	10.40	12.40	12.60
铝	mg/kg	933.00	337.00	742.00	225.00	331.00	328.00	1030.00	636.00	668.00	965.00	198.00	286.00	923.00	955.00	223.00	1018.00
锡	mg/kg	<0.01	<0.01	<0.001	<0.01	<0.01	<0.01	<0.001	<0.01	<0.001	<0.001	<0.001	<0.001	<0.001	<0.001	<0.001	<0.001
汞	mg/kg	<0.05	<0.05	<0.05	<0.05	<0.05	<0.05	<0.05	<0.05	<0.05	<0.05	<0.05	<0.05	<0.05	<0.05	<0.05	<0.05
钒	mg/kg	<0.01	<0.01	<0.01	<0.01	<0.01	<0.01	<0.01	<0.01	<0.01	<0.01	<0.01	<0.01	<0.01	<0.01	<0.01	<0.01
硅	mg/kg	<0.05	<0.05	<0.05	<0.05	<0.05	<0.05	<0.05	<0.05	<0.05	<0.05	<0.05	<0.05	<0.05	<0.05	<0.05	<0.05
钡	mg/kg	<0.01	<0.01	<0.01	<0.01	<0.01	<0.01	<0.01	<0.05	<0.01	<0.01	<0.01	<0.01	<0.01	<0.01	<0.01	<0.01
Cobalt, Co	mg/kg	<0.01	<0.01	<0.01	<0.01	<0.01	<0.01	<0.01	<0.05	<0.05	<0.05	<0.05	<0.05	<0.05	<0.05	<0.05	<0.01
铁	mg/kg	1578.00	535.00	1448.00	464.00	512.00	523.00	3008.00	1313.00	1378.00	1493.00	452.00	536.00	1511.00	1479.00	412.00	2892.00
粒径分析 粗砂	%	15.80	3.20	8.50	11.60	9.00	12.50	8.60	1.20	9.86	3.16	11.10	1.10	19.20	3.20	29.00	21.00
粒径分析 中砂	%	35.90	22.00	43.20	21.80	44.00	50.60	77.10	22.60	40.16	33.00	50.00	31.20	49.00	33.10	65.00	34.50
粒径分析 细砂	%	29.00	70.00	37.60	35.00	7.50	5.80	3.80	66.46	32.00	47.30	12.40	27.60	4.00	47.40	2.00	3.10
粒径分析 粉砂	%	4.60	3.50	2.68	6.40	4.20	3.60	2.08	2.80	3.12	5.23	4.20	4.86	4.20	4.80	0.50	14.00
总有机碳	%	1.12	1.11	1.21	1.09	0.98	1.12	1.11	1.21	1.01	1.63	1.24	1.85	1.32	1.22	1.14	1.54
含水率	%	52.10	27.00	33.60	26.40	27.10	26.5	56.42	32.90	32.8	48.20	27.90	27.3	49.10	50.1	27.20	55.30

15.57mg/kg）、锌（平均值 11.32mg/kg）、铝（平均值 612.38mg/kg）（平均值
<0.01mg/kg）、汞（平均值 <0.001mg/kg）、钒（平均值 <0.05mg/kg）、硒（平均值
<0.01mg/kg）、钡（平均值 <0.05mg/kg）、钴（平均值 <0.01mg/kg）含量和铁含量
（平均值 1220.88mg/kg）较低，符合项目区 2016 年 7 月的 DCLS 标准。除 Nickle
外，重金属也符合 NOAA HAZAMT 的标准 2。

镍通常被用作原油的指标。因此，镍的含量水平升高可以归因于油轮和其他
船舶的污染。拖船和驳船经常在该项目区附近的 1 号滨水岛运输岩石。

对项目区 2016 年 7 月的沉积物分析进一步表明，重金属（Cu、Cr、Pb、Ni、Cd 和
Zn）的含量较低，与阿拉伯湾海洋环境（Fowler 等人，1993）和迪拜沿海水域（El
Sammak 等人，2002）未受污染的沉积物相当（表 4-7）。

项目区泥沙质量与 NOAA HAZMAT 和荷兰污染土地标准（DCLS）相比较　　表 4-7

参　　数	项目区沉积物理量 （mg/kg）	（Buchman 1999） NOAA HAZMAT REPORT 99-1 （mg/kg）	DCLS 目标值 （mg/kg）	DCLS 干预值 （mg/kg）
砷 As	<0.01	85	29	55
硼 B	14.39	—	—	—
镉 Cd	<0.01	14	<1	12
铬 Cr	7.41	7.0~13.0	100	380
铜 Cu	3.80	10.0~25.0	36	190
铅 Pb	<0.05	4.0~17.0	85	530
锰 Mn	42.33	400	—	—
镍 Ni	15.57	9.9		
锌 Zn	11.32	9.0~38.0	140	250
铝 Al	612.38	—		
锡 Sn	<0.01	5.5		900
汞 Hg	<0.001	0.451	0.3	10
钒 V	<0.05	50	42	250
硒—硅	<0.01	0.29	0.7	100
钡	<21.2	0.7	160	625
钴	0.01	10	9	240
铁	3008	0.99%~1.8%	—	—
总石油烃	<0.01	—		50

（5）泥沙纹理分析

表4-6给出了沉积物质量变化分析的结果。项目区的泥沙一般由中细沙组成（图4-19）。

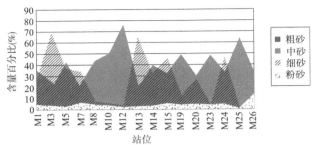

图4-19　2016年7月沿项目区域的泥沙纹理

（6）总石油烃（TPH）

阿拉伯湾是一个石油密集活动的地区。燃料油和其他炼油产品可通过油轮清洗和油轮作业向海洋环境排放（科学专家组，1997年）。由于在其水域内、在海上勘探或运输期间使用了大量石油，所以该区域一直面临着石油污染的潜在威胁。石油碳氢化合物对迪拜沿海环境的污染主要是由油轮运输、船舶意外排放石油、未经许可的清淤作业和油轮清洗、沿海工业非法排入海洋环境、船坞作业和陆基来源的径流造成的。

2016年7月，项目区沉积物总石油烃（TPH）分析结果显示为低水平（<0.01mg/kg），此水平完全符合DCLS限值（表4-7）。

在1992年Mitchell Cruise（Massoud等，1996年）和1993—1994年Umitaka Maru Cruise（Massoud等，1998年）收集的沉积物岩芯分析数据中显示了阿拉伯湾石油碳氢化合物的空间和历史分布情况，并提供了以下方面的分类水平：

①未受污染的沉积物浓度范围在10～15μg/g；

②中度污染的沉积物浓度范围在50～200μg/g；

③浓度超过200μg/g的为重度污染沉积物。

根据以上标准，项目区被评为未受TPH污染。

4.2.4　结论

（1）针对项目区16个采样点收集的沉积物，在2016年7月建立了沉积物质量基准条件。

（2）项目区沉积物中营养物质含量略有升高，可能与天然存在的营养物质浓度有关。

（3）2016 年 7 月，项目区沉积物样品中重金属含量低，符合 DCLS 标准。

（4）项目区沉积物由中砂、细砂组成。

（5）沉积物中总石油碳氢化合物的低水平符合 DCLS 标准。

（6）项目区总有机碳显示出轻微的中间影响。

（7）沉积物样品中的平均含水率为 37.49%。

4.3　底栖生物调查与分析技术

4.3.1　介绍

本节以迪拜哈翔电厂为例，介绍底栖生物调查与分析技术。项目区内在离岸 2.2km 处，水深为 7m，在 3.7km 处水深为 9m，而从高潮海岸线至 17km 远处的离岸区内，其特点是海底地形相对简单，由浅、逐渐倾斜的海床组成，所以大多数地形变化出现在近岸地区的 2km 处。该海岸地区拥有较多的海底生物多样性，如大型藻类床、海草床和珊瑚礁。

项目区毗邻的海洋环境中包含多个敏感的海洋底床（表 4-8）。其中重要的包括：

①以鹿角珊瑚（Acropora spp）为主的密集硬珊瑚群落（>40% 覆盖）。

②多种大型藻类种群和稀疏但数量众多的多孔硬珊瑚群体的混合群落。

③丰富的珊瑚礁鱼类群落。

2005—2015 年期间在各种场合记录在项目区的保护重要性的　表 4-8
珊瑚和鱼类清单（列入世界自然保护联盟濒危物种红名单）

分　类	学　名	状态（2016）
珊瑚		
滨珊瑚科	石珊瑚	濒临危险
假铁星珊瑚属	石珊瑚	易受伤害
陀螺珊瑚属	黄色涡卷珊瑚	易受伤害
盾形陀螺珊瑚	圆盘珊瑚	易受伤害
刺星珊瑚属	石珊瑚	易受伤害
鹿角珊瑚科	大圆盘珊瑚	易受伤害
精巧扁脑珊瑚	脑珊瑚	濒临危险
扁脑珊瑚	脑珊瑚	濒临危险

分　类	学　名	状态(2016)
鱼类		
斜带石斑鱼	鲑点石斑鱼	濒临危险
迈氏条尾魟	黑斑条尾魟	易受伤害的
鲸鲨	鲸鲨	易受伤害的

这个地区的珊瑚被划分为"补丁珊瑚",它们是浅水中相对较小的平顶珊瑚结构。这些珊瑚不利于形成坚实的框架(即珊瑚生长在死珊瑚上),而是直接生长在暴露的硬基底上。

4.3.2　方法

1)现场调查

2016 年 7 月,在 26 个监测站进行了海洋生境调查,这些监测站被选为项目区内重要海洋生境的代表监测站(图 4-1)。在每个测点处的调查采用了截线样条调查法,断面进行采样,截线长 30m、宽 2m,断面面积 0.25m²,沿 30m 长度上每隔 5m 取一个,利用水下数码摄像机、照相机进行样线拍摄记录(图 4-20),室内根据影像判读资料和珊瑚礁属种鉴定资料进行统计分析,以评估各站海草、大型藻类、珊瑚、大型无脊椎动物和底栖动物的百分比覆盖面。在监测站也进行了海草和大型藻类覆盖率目测评估,但不支持大量的珊瑚种群,因为在这些地方并没有拍摄到照片。

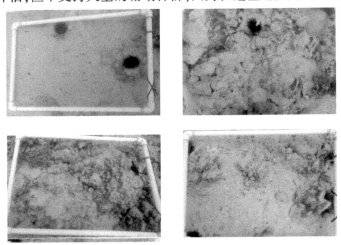

图　4-20

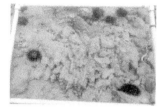
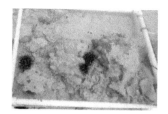

图 4-20 在 M23 站拍摄的 7 张照片

2）卫星数据分析

本次珊瑚礁调查又采用了 4 个不同卫星的遥感数据,不同卫星的覆盖区域如图 4-21 所示。大范围区域的遥感数据来源于 Landsat-8 和 SPOT-7 两颗卫星,数据采集时间分布为 2016 年 7 月 26 日和 2015 年 5 月 20 日,其中 SPOT-7 卫星 2014 年发射,多光谱分辨率 6.0m。目标区域的遥感数据主要来自 2016 年 4 月 22 日 Pléiades 卫星的遥感图像,其可见光频段与 SPOT-7 相同,但空间分辨率更高,能达到 2.0m。近岸区域采用的是 WorldView-3 在 2016 年 4 月 16 日的数据,空间分辨率 1.24m。

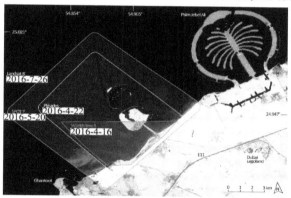

图 4-21 杰贝阿里地区的第一个海洋栖息地图

遥感影像数据量大,使用前需进行必要的前处理,主要包括辐射校正、几何校正、水陆分离和图像反演等过程。辐射校正主要是针对大气辐射引起的失真进行校正,采用 Mausel. P. D 改进的 DOS 法（Dark-Object-Substraction）进行大气校正。几何校正通过实测地形图和卫星遥感图上选取同名地物控制点来实现。采用阈值法进行水陆分离。图像反演采用 Burnett 和 Purkis 等人提出的面向对象的数据反演方法。该方法不仅利用了图像的像素信息,还综合考虑了图像的光谱特征、形状特征、组织结构和关联特性。反演结果与 26 个实测站位数据进行对比验证,结果表明获得的反演图像的精度达到 92%,能够满足珊瑚调查的需求。

4.3.3 结果与讨论

表 4-9 对各监测站所测到的生物环境进行简要说明,并列出该监测站的位置、深度和温度的详细情况。大型藻类床、海草床、其他重要动物群(棘皮动物和海绵动物)和底栖生物的覆盖百分比见表 4-10。M4 站为一开阔的粉砂质基质,M7 站以裸露的硬土为主,上面覆以砂质粉砂沉积,支撑 3% 的褐藻。所有其他监测站都存在海草或大型褐藻和珊瑚的群落。

2016 年 7 月监测的海洋栖息地详情　　　　　　　　　　　表 4-9

站点	地 质	经 度	纬 度	日期	深度(m)	温度(℃)	时间	图 像
M1	裸粉砂	24° 55.093′N	54°54.191′E	2016-7-19	3.40	33.9	90:00	
M2	稀疏的棕色大藻和稀少的硬珊瑚	24° 55.188′N	54° 53.979′E	2016-7-19	4.30	34.1	10:00	
M3	裸粉砂	24° 55.336′N	54° 53.693′E	2016-7-19	5.20	34.2	10:30	
M4	裸粉砂	24° 55.472′N	54° 53.450′E	2016-7-19	6.00	34.4	11:00	
M5	用稀疏的海草打开泥沙	24° 55.638′N	54° 53.135′E	2016-7-19	7.60	34.4	11:30	
M6	用稀疏的大型海藻和海草打开泥沙	24° 55.873′N	54° 52.677′E	2016-7-19	9.00	34.5	11:45	
M7	硬地面覆盖卷沙质淤泥	24° 56.749′N	54° 51.171′E	2016-7-19	9.00	33.9	8:40	
M8	密集的窄叶海草床	24° 54.752′N	54° 54.003′E	2016-7-19	3.00	64.4	12:15	

站点	地　质	经　　度	纬　　度	日　期	深度(m)	温度(℃)	时间	图　　像
M9	裸粉砂	24°54.904′N	54°53.792′E	2016-7-19	3.50	34.6	12:45	
M10	裸粉砂	24°55.051′N	54°53.522′E	2016-7-19	3.00	34.4	1:30	
M11	裸粉沙与稀疏的桨叶海草床	24°55.234′N	54°53.258′E	2016-7-19	5.70	34	8:00	
M12	窄叶和桨叶海草床	24°55.402′N	54°52.996′E	2016-7-19	6.60	34.1	8:30	
M13	窄叶和桨叶海草床	24°55.706′N	54°52.512′E	2016-7-19	7.70	34.1	8:00	
M14	硬地面覆盖着支持稀疏珊瑚和大型藻类的淤泥	24°55.906′N	54°52.206′E	2016-7-19	8.20	34.2	8:30	
M15	裸粉砂	24°56.099′N	54°51.927′E	2016-7-19	7.70	34.2	9:30	
M16	窄叶和桨叶海草床	24°55.318′N	54°52.128′E	2016-7-19	6.90	34.4	11:00	
M17	狭窄的海草和硬地面覆盖着支持稀疏大型藻类的淤泥	24°54.902′N	54°54.051′E	2016-7-19	2.60	34.1	9:00	

续上表

站点	地 质	经 度	纬 度	日 期	深度(m)	温度(℃)	时间	图 像
M18	硬地面覆盖着支持稀疏珊瑚和大型藻类的淤泥	24°55.068′N	54°53.875′E	2016-7-19	3.20	34.2	9:30	
M19	开放沙丘栖息地与稀疏大型藻类	24°56.100′N	54°53.036′E	2016-7-19	7.40	34.5	12:20	
M20	裸粉沙	24°56.427′N	54°53.346′E	2016-7-19	3.80	34.1	10:00	
M21	裸粉沙与稀疏的海草	24°55.699′N	54°53.643′E	2016-7-19	4.60	34.3	10:25	
M22	稀疏的窄叶和浆叶海草床	24°56.143′N	54°53.962′E	2016-7-19	4.32	34.5	10:55	
M23	坚硬的珊瑚群落	24°55.459′N	54°54.053′E	2016-7-19	4.50	34.5	11:30	
M24	硬珊瑚和稀疏的大型藻类	24°55.780′N	54°54.453′E	2016-7-19	4.50	34.5	12:45	
M25	坚硬的珊瑚群落	24°54.693′N	54°53.235′E	2016-7-19	3.70	34.4	14:00	
M26	裸粉沙与稀疏的海草	24°54.879′N	54°52.902′E	2016-7-19	6.40	34.5	14:40	

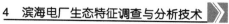

2016 年 7 月沿项目区海洋生境站勘测的生物覆盖百分比（%）　表 4-10

站点	活珊瑚	死珊瑚	海草	大型藻类	开放粉砂基层	硬基覆泥	棘皮动物	海绵动物	总计
M1	0	0	2	0	98	0	0	0	100
M2	3	2	0	15	0	79	1	0	100
M3	0	0	0	0	100	0	0	0	100
M4	0	0	0	0	100	0	0	0	100
M5	0	0	2	1	97	0	0	0	100
M6	0	0	2	15	30	53	0	0	100
M7	0	4	0	3	0	93	0	0	100
M8	0	0	85	0	15	0	0	0	100
M9	0	0	0	0	100	0	0	0	100
M10	0	0	0	0	100	0	0	0	100
M11	0	0	10	0	90	0	0	0	100
M12	0	0	20	0	80	0	0	0	100
M13	0	0	15	0	85	0	0	0	100
M14	3	0	0	65	0	32	0	0	100
M15	0	0	0	0	100	0	0	0	100
M16	0	0	17	0	83	0	0	0	100
M17	0	0	20	15	35	30	0	0	100
M18	5	0	0	30	0	65	0	0	100
M19	0	0	0	22	0	78	0	0	100
M20	0	0	0	0	100	0	0	0	100
M21	0	0	2	0	98	0	0	0	100
M22	0	0	10	0	90	0	0	0	100
M23	37.9	12.1	0	0	0	43.6	6.4	0	100
M24	4	1.2	0	5	0	87.3	1.7	0.8	100
M25	17.5	5	0	6	0	71	0.5	0	100
M26	0	0	1	0	0	99	0	0	100

1）珊瑚虫

M23 站和 M25 站具有中度致密珊瑚群落（图 4-22 和图 4-23）的硬覆盖基质，并且 M2 站、M14 站、M18 站和 M24 站具有与稀疏生长的褐色大型藻类混合的珊瑚群落。M23 站的珊瑚较为丰富，收集的图片如图 4-22 所示。

图 4-22　以滨珊瑚为主的混合珊瑚景观——项目区 M23 站的珊瑚礁（2016 年 7 月）

图 4-23　2016 年 7 月，沿项目区 M25 站的鹿角珊瑚

表 4-11 列出了 2016 年 7 月项目区记录的硬珊瑚详情。

在有珊瑚群落的 6 个站点（包括中等密度珊瑚群落的 M23 站和 M25 站）和稀疏珊瑚群落 M2 站、M14 站、M18 站和 M24 站，确定并记录了 18 种珊瑚。在这些站点中发现的物种列于表 4-11，珊瑚在图 4-24 所示的地图中。站 M2 站、M18 站、M23 站、M24 站和 M25 站位于较浅的水域（3.2～4.5m），M14 站位于 8.2m 深的水域（图 4-25～图 4-32）。更深的水 M14 站有蜂巢珊瑚、刺星珊瑚和大圆盘珊瑚的生长（图 4-33～图 4-35）。这是唯一一个记录了大圆盘珊瑚和棘星珊瑚的站。后两种珊瑚喜欢更深的水域，可以在中等程度的淤泥中生长。鱼类和大孔珊瑚是所有站点记录的两个主要的珊瑚家族，也可以在中等程度的淤积中生长。在珊瑚群落最多的 M23 站和 M25 站两个站点记录到了羽状鹿角珊瑚。

图 4-24　显示了支持珊瑚群落的 6 月调查的 6 个站点的地图

表 4-11

2016 年 7 月栖息地调查记录的硬珊瑚详情

科	种	M1	M2	M3	M4	M5	M6	M7	M8	M9	M10	M11	M12	M13	M14	M15	M16	M17	M18	M19	M20	M21	M22	M23	M24	M25	M26
天竺鲷科	羽状鹿角珊瑚																							F		F	
铁星珊瑚科	刺孔珊瑚属																						F	P	P	P	
铁星珊瑚科	假铁星珊瑚																						F	F			
铁星珊瑚科	网格丝珊瑚																		P								
木珊瑚科	盾形陀螺珊瑚														C												
木珊瑚科	陀螺珊瑚属																						P				
脑珊瑚	小叶细菊珊瑚																						F		C		
脑珊瑚	锯齿刺星珊瑚		F												F				P				F	P	F	F	
脑珊瑚	蜂巢珊瑚属														F												
脑珊瑚	蜂巢珊瑚属																						C		P	P	
脑珊瑚	蜂巢珊瑚属		F												F								C		C		
脑珊瑚	蜂巢珊瑚属																										
脑珊瑚	精巧扁脑珊瑚														P								P				
脑珊瑚	片脑纹珊瑚																						C		C	F	
褶叶珊瑚科	辣星珊瑚														P								P			F	
滨珊瑚科	哈里森滨珊瑚																		F								
滨珊瑚科	团块滨珊瑚														F								C		C		
滨珊瑚科	团块滨珊瑚		F												F								C	C	C	C	
种群数量		3												5				3	0			12	3	11		

注：P-存在；F-稀少（2～10）；C-普通（11～100）；A-丰富（101～1000）。

死珊瑚记录在 M2 站（2%）、M7 站（4%）、M23 站（12.1%）、M24 站（1.7%）和 M25 站（5%）（图 4-35、图 4-36）。尽管在 33.9~34.5℃的高水温下，中等密度的珊瑚在 M23 站和 M24 站的死亡率仍然是历史性的，没有观察到明显的白化死亡现象。不过，M2 站、M23 站和 M24 站的泥沙淤积率较高，这些站位于 1 号海旁岛及其堤道附近地区。图 4-35 和图 4-36 描述了所记录的主要珊瑚物种。

图 4-25　2016 年 7 月，项目区 M23 站的精巧扁脑珊瑚，蜂巢珊瑚和滨珊瑚和棘星珊瑚

图 4-26　2016 年 7 月，项目区 M24 站的片脑纹珊瑚

图 4-27　2016 年 7 月，项目区 M25 站的鲷鱼

图 4-28　2016 年 7 月，项目区 M25 站的绿色大型藻类

图 4-29　2016 年 7 月，项目区 M25 站的小叶细菊珊瑚

图 4-30　2016 年 7 月，项目区 M25 站的绿色大型藻类和片脑纹珊瑚

图 4-31　2016 年 7 月项目区 M25 站羽状
　　　　鹿角珊瑚

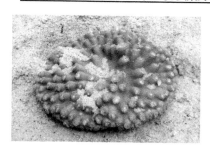

图 4-32　2016 年 7 月,项目区 M14 站的
　　　　大圆盘珊瑚

图 4-33　2016 年 7 月,项目区 M14 站蜂巢
　　　　珊瑚

图 4-34　2016 年 7 月,项目区 M14 站的
　　　　刺星珊瑚

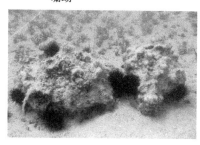

图 4-35　2016 年 7 月 M2 站死亡和恢复的
　　　　滨珊瑚和刺星珊瑚

图 4-36　死亡和恢复的刺星珊瑚,活的
　　　　滨珊瑚和绿色的大型藻类

2)海草

6 个测站(图 4-37)有海草群落,如图 4-38 所示。M8 站有着茂密植被的海草床。85% 的覆盖度由位于浅水 3m 处的细叶海草组成。M17 站也存在适合在 2.6m 深的浅水中生长的稀疏植被细叶海草床(20% 覆盖)(图 4-39)。M12 站存在深水(6.6m)混合的海草群落(20% 覆盖),包括细叶海草和桨叶海草(Halophila ovalis)(图 4-40)。M6 站(2%)、M13 站(15%)和 M16 站(17%)也存在生长在 6~8m 水深之间的疏生植被的混合细叶和桨叶海草群落。

在 M12 站,还监测新鲜儒艮粪便颗粒,其是儒艮存在的证据。从该地区记录的最后一个儒艮是在 2011 年。

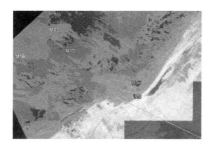

图 4-37　2016 年 7 月沿项目区的海草站

图 4-38　2016 年 7 月项目区测站 M8 的茂密海草

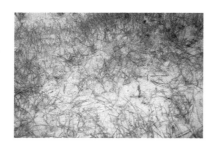

图 4-39　2016 年 7 月项目区 M17 站的细叶海草

图 4-40　2016 年 7 月在 M12 站的海参和混合细叶

3）海藻

在极端炎热的夏季,当水温平均为 35°C 时,阿拉伯湾出现的大多数棕色大型藻类物种死亡。秋季和冬季,棕色大藻的生长发育较好。2016 年 7 月在 M2 测站观察到棕褐色大型海藻发生退化。

图 4-41　2016 年 7 月,项目区 M17 站的褐腐大藻藻类和扇贝类

M2、M14、M18、M24 站的地面基质有稀疏的褐藻和稀疏的珊瑚群落生长。M6、M7、M17、M19 站也有硬衬底上的稀疏棕色藻类群落生长（图 4-41）。在 M2、M23、M25 测站观察到绿藻。表 4-12 列出了 2016 年 7 月项目区记录的藻类物种。

4）鱼类检测

2016 年 7 月,在所调查的 16 个监测站共记录了 22 种鱼类;在 2min 定量鱼类计数中记录了 10 种,另有 12 种鱼类在样带外。在所记录

2016 年 7 月在栖息地调查期间记录的藻类的详细资料

表 4-12

科	种	M1	M2	M3	M4	M5	M6	M7	M8	M9	M10	M11	M12	M13	M14	M15	M16	M17	M18	M19	M20	M21	M22	M23	M24	M25	M26
褐藻门	马尾藻		A															C									
褐藻门	马尾藻		F												C												
褐藻门	马尾藻				C									C						F							
褐藻门	楔形叶囊藻		C												C					C							
褐藻门	海膏藻		F												C												
绿藻门	头状纸蔚藻																									F	
红藻门	—																						F	F	F		
珊瑚藻	—																						F	F		F	

注：F-稀少(2～10)；C-普通(11～100)；A-丰富(101～1000)。

到的物种中，M25、M14、M23、M2 监测站的物种丰富度最高，分别为 13、8、6、6 种。这些监测站还适合密度适中或稀疏的珊瑚礁群落生长，与开放底质监测站相比，它们提供了更多适合于珊瑚礁相关鱼类生长的高级生存环境。在 2016 年 7 月监测活动期间记录的鱼类物种完整清单见表 4-13、表 4-14。

在 M7、M14 和 M25 监测站观察到的"近威"橙色斑点石斑鱼（图 4-42）。在 M14 站首次记录到了罕见的蟾蜍（图 4-43）。

图 4-42　2016 年 7 月项目区 M25 站点的
橙色斑点石斑鱼

图 4-43　2016 年 7 月，Project M14 站
项目区的蟾蜍

4.3.4　结论

珊瑚：在 6 个监测站记录了 18 个活珊瑚物种。M23 站（37.9% 的珊瑚盖）和 M25 站（17.5% 的珊瑚盖）支持中度密集和最密集的珊瑚群落。在 5 个监测站记录了死亡的珊瑚，在 M2、M23、M25 站，有许多珊瑚有高度淤积的迹象。这些监测站的结果表明：在 2007—2009 年建成海滨岛 1 号及其固体堤道，受到显著冲漏，导致高淤泥率和大量珊瑚死亡。靠近堤道的电站自海滨岛成立以来，附近的珊瑚遭受了 100% 的死亡。

海草：6 个测站存在海草群落；浅水（2.6~3m 深）的两个站点由细小的海草组成，4 个站位于深水（6~8m 深），发现混合的海草群落包括细叶和桨叶海草。在 M12 站有海参的记录。

大型藻类：在含有 M2、M4、M14、M17、M19、M23、M25 站的底部记录了 5 种大型藻类。M14 站（覆盖 65%）和 M19 站（30%）存在最密集的大型藻类社区。在阿拉伯海湾海洋环境极度炎热的夏季，大藻类群体经历季节性衰退，呈衰退退化状态，在站点可以观察到所有大型藻类。在 2016 年 7 月进行的调查中记录得到的水温，由 33.9℃ 上升至 34.5℃。

鱼类：在 2016 年 7 月调查的 11 个站点记录了 22 种鱼类。在 M19 站和 M15 站记录了最高物种丰富度。在 Hassyan、Ghantoot 鲶鱼首次被记录下来。

表 4-13

2016年7月栖息地调查期间记录的鱼类详情（横断面视频）

科	种	M1	M2	M3	M4	M5	M6	M7	M8	M9	M10	M11	M12	M13	M14	M15	M16	M17	M18	M19	M20	M21	M22	M23	M24	M25	M26
天竺鲷科	双带天竺鲷															2											
鲱科	海湾似青鳞鱼							5		1000																	
虾虎鱼科	九纹虾虎																										
石鲈科	红唇胡椒鲷																	1	1	1							
隆头鱼科	高鳍笛鲷		3													1			2	1				2	2	2	6
羊鱼科	尖鼻河豚		32													45									6		10
雀鲷科	半月神仙鱼								2							1								6			11
拟雀鲷科	波斯拟雀鲷		1						1							2											
鮨科	点带石斑鱼								1							1											1
鲻鲷科	条纹鲷															1	1										2
	物种计数		36					5	4	1000						53	1	1	3	2				8	8	2	30
	物种丰富度		3					1	4	1						7	1	1	2	2				2	2	2	

表4-14

2016年7月在栖息地调查期间记录的鱼的详情（断面图）

科	种	M1	M2	M3	M4	M5	M6	M7	M8	M9	M10	M11	M12	M13	M14	M15	M16	M17	M18	M19	M20	M21	M22	M23	M24	M25	M26
天竺鲷科	双带天竺鲷		P												F												
蟾鱼科	杜氏澳洲蟾鱼														P										P		
蝴蝶鱼科	黑鳍蝴蝶鱼																										F
鲱科	海湾似青鳞鱼							F		A																	
虾虎鱼科	九纹虾虎							P																			
石鲈科	红唇胡椒鲷		P															P	P								C
隆头鱼科	眼点海猪鱼		P																								P
隆头鱼科	星斑裸颊鲷																										F
隆头鱼科	扁斑颊鲷																										C
隆头鱼科	高鳍角鲷								P										F	F							F
隆头鱼科	火斑笛鲷		F												F					F							C
羊鱼科	尖鼻河豚		C												C												C
金线鱼科	淡带眶棘鲈																								C		F
金线鱼科	黑带眶棘鲈																								C		
雀鲷科	半月神仙鱼								F						P										C		C
雀鲷科	条纹豆娘鱼																										F
雀鲷科	瞳雀鲷																								P		F
拟雀鲷科	波斯拟雀鲷		P						P						F										P	P	P
鮨科	点带石斑鱼								P																		
鲷科	双带棘鲷														P										P		P
鲷科	单斑重牙鲷														P											F	F
鯻科	三线鯻																										F
物种丰富度	22		6					2	4	1					8			1	2	2					6	2	13

注：P-存在；F-稀少（2～10）；C-普通（11～100）；A-丰富（101～1000）。

4.4 浮游植物调查与分析技术

4.4.1 介绍

本节以迪拜哈翔电厂为例,介绍浮游植物调查与分析技术。浮游植物群落物种组成和变化是沿海水质特征变化的指标,被认为是控制浮游植物群落结构的两个重要因素。前者与物理过程有关,如混合、光照、温度、湍流和盐度,后者与营养物质和其他化学物质相关。沿海地区的人为活动产生的废物导致沿海系统的自然水文条件发生变化,引发沿海污染。因为认识到浮游植物组成是对环境条件波动的快速反应,所以认为浮游植物群落结构变化是沿海环境的重要指标。

4.4.2 方法

在项目区收集了 28 个浮游植物样本。使用 Niskin 水采样器收集浮游植物样品,并保存在碘溶液中。使浮游植物样品沉降并倾倒上清液,留下浓缩的浮游生物体积 50mL。然后使用玻璃滴管将 1mL 沉降的浮游生物样品转移至 Sedgwick-Rafter 载玻片(1mL 容量)。最初对样品进行定性分析,然后对该分类单进行计数。相同的实验程序重复 3 ~ 4 次。计算每升样品中浮游植物的每个分类群中的个体个数。

选择以下单变量指数:

(1)Margalef 多样性指数 d。Margalef 多样性指数 d 通常用于使用以下等式,表征区域中的物种多样性(Margalef,1968):

$$d = S - 1/\log_e N$$

式中:S——物种的数量;

N——个体的总数。

(2)香农—维纳多样性指数 H'。香农—维纳多样性指数 H' 是另一个被广泛用于表征生物群落物种多样性的指标(Shannon-Wiener,1949)。计算物种 i 相对于物种总数(p_i)的比例,然后乘以该比例的自然对数($\ln p_i$),所得到的产物在物种之间求和,乘以 -1,则:

$$H' = \sum_{i=1}^{s} (P_i)(\ln p_i)$$

式中:p_i——物种中发现的个体的比例;

　　$\ln$——自然对数。

（3）Pielou 均匀度指数 J。Pielou 均匀度指数 J 是衡量区域中存在的物种之间平均分布丰富度的度量。Pielou 均匀度指数定义在 0～1 之间,其中 1 表示具有完美均匀度的社区,并且由于物种的相对丰富度与均匀度相差而减小到零。

Pielou 均匀度指数(J)计算公式如下:

$$J' = \frac{H'}{H'_{max}}$$

式中:H'——香农维纳信息函数;

　　H'_{max}——H' 的理论最大值,表示样品中的所有物质均相当丰富。

4.4.3　结果与讨论

浮游植物分析的完整结果见表4-15。项目区浮游植物种群密度变化较小。浮游植物细胞计数密度从 30.0～95.0 10^3 个/L 变化(图4-44),总密度为54.9%。与海水相比,潟湖样本中的浮游植物细胞计数较高。

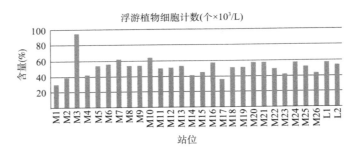

图4-44　2016 年 7 月项目区浮游植物细胞计数变化

浮游植物的主要类型是硅藻占 52.11%,其次是鞭毛藻(26.29%)和蓝藻(21.60%)。项目区最丰富的浮游植物种类分别为拟菱形藻(10.8%)、红海束毛藻(10.3%)、颤藻(11.3%)、海毛藻(9.3%)、原甲藻(6.2%)和细柱藻(6.2%)(图4-45)。

共记录20种。表4-16列出了 Margalef 多样性指数 d、Pielou 均匀度指数 J' 和香农—维纳多样性指数 H'。

表 4-15

2016 年 7 月，项目区的浮游植物细胞计数（10³ 个/L）

浮游植物类型		M1	M2	M3	M4	M5	M6	M7	M8	M9	M10	M11	M12	M13	M14	M15	M16	M17	M18	M19	M20	M21	M22	M23	M24	M25	M26	L1	L2
硅藻类	锤状中鼓藻	2	2	2	—	2	2	3	2	3	2	—	2	3	3	2	—	3	2	2	2	3	2	2	2	2	3	2	2
	角毛藻	2	2	3	2	1	3	2	2	3	3	3	2	1	2	2	2	2	2	2	3	3	3	2	3	2	2	1	2
	辐射圆筛藻	1	3	2	2	2	3	2	3	3	3	2	3	3	2	2	2	2	2	3	2	3	2	2	3	2	2	2	2
	细长翼鼻状藻	—	1	3	1	1	2	3	1	1	2	2	3	1	2	2	1	3	2	2	3	1	2	2	2	1	3	3	1
	刚毛根管藻	1	—	5	—	2	2	2	—	2	2	2	1	1	—	—	—	1	1	2	1	—	1	—	2	3	—	2	4
	离心列海链藻	2	1	3	2	1	3	2	2	2	3	3	2	3	3	3	3	3	3	3	3	2	1	3	1	2	2	1	3
	小细胞藻属	1	2	6	4	2	3	4	5	4	7	3	2	2	3	5	2	2	2	3	4	5	3	3	3	3	2	7	6
	伪菱形藻属	2	5	8	7	8	6	5	6	7	8	6	8	6	6	8	5	6	8	8	7	6	5	4	4	7	4	7	8
	海毛藻	2	3	7	2	4	8	5	4	6	7	3	3	1	6	6	5	8	6	7	7	3	4	4	6	7	4	11	9
	菱形海线藻	1	2	2	2	4	2	5	3	4	4	4	2	2	2	3	2	4	2	2	4	3	3	2	3	2	2	2	1
	海杆状线藻	2	1	1	1	1	—	2	—	3	—	—	1	—	—	1	1	1	1	—	—	—	—	—	1	—	1	—	—
沟鞭藻科	叉角藻	2	2	5	2	3	3	3	3	4	2	4	2	2	3	3	3	1	3	1	2	3	3	1	4	1	3	2	2
	线形角藻	—	—	2	1	1	3	—	—	1	1	—	—	—	—	1	—	—	—	2	—	—	1	—	—	1	1	4	—
	纤细原甲藻	2	1	1	2	2	2	2	1	—	1	2	3	3	1	1	1	1	2	2	1	3	1	3	—	1	1	—	—
	闪光原甲藻	1	2	2	2	2	2	2	1	1	1	2	3	3	2	2	2	2	2	3	2	2	3	2	5	5	1	8	9
	斯氏原多甲藻	2	3	6	3	3	4	3	4	4	5	4	3	4	4	4	5	2	4	4	4	3	2	3	3	3	3	4	4
	原多甲藻	1	1	1	3	1	4	4	3	3	4	3	3	1	1	3	4	2	1	2	1	3	3	2	2	3	2	3	2
	斯氏扁甲藻	2	1	3	2	2	—	2	2	2	2	1	2	2	—	2	4	4	4	2	3	3	2	2	3	2	1	2	—
蓝藻	红海束毛藻	2	3	4	5	5	7	6	5	5	7	5	3	4	3	5	2	2	3	4	4	5	2	4	5	8	6	18	14
	颤藻	4	4	13	7	6	5	8	4	6	6	5	8	3	6	3	4	3	8	7	9	3	3	6	6	8	4	12	11
	总细胞计数	30	39	95	42	54	56	62	54	54	64	51	53	41	45	57	36	51	51	57	57	49	42	42	57	52	44	91	80

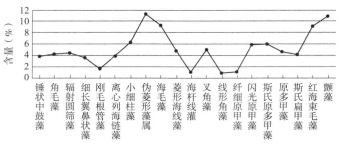

图 4-45　2016 年 7 月项目区浮游植物种

2016 年 7 月项目区浮游植物多样性指数　　表 4-16

站　　点	S	d	Pielou 均匀度指数 J'	香农—维纳多样性指数 H'
M1	18	5.00	0.98	2.85
M2	18	4.64	0.96	2.76
M3	20	4.17	0.93	2.79
M4	15	3.75	0.93	2.53
M5	19	4.51	0.94	2.76
M6	17	3.98	0.96	2.72
M7	18	4.12	0.94	2.72
M8	17	4.01	0.95	2.68
M9	16	3.76	0.96	2.67
M10	19	4.33	0.96	2.82
M11	15	3.58	0.92	2.49
M12	16	3.82	0.96	2.66
M13	19	4.53	0.93	2.75
M14	17	4.31	0.96	2.72
M15	15	3.68	0.97	2.62
M16	19	4.45	0.95	2.80
M17	15	3.91	0.94	2.54
M18	18	4.32	0.95	2.75
M19	16	3.82	0.96	2.66
M20	17	3.96	0.94	2.67

续上表

站　　点	S	d	Pielou 均匀度指数 J'	香农—维纳多样性指数 H'
M21	18	4.21	0.92	2.67
M22	17	4.11	0.96	2.72
M23	18	4.55	0.96	2.78
M24	17	3.96	0.97	2.76
M25	17	4.05	0.92	2.62
M26	18	4.49	0.96	2.77
L1	17	3.55	0.89	2.52
L2	17	3.65	0.89	2.52

尽管存在营养限制的可能性,但在阿拉伯海湾记录了很多浮游植物物种,包括 225 个硅藻和 152 个鞭毛藻(Dorgham 和 Mufatah,1986;Dorgham 等人,1987) (Kimor,1979)。浮游生物的数量被认为是水体及其运动的指标(Raymont,1963)。据报道,阿拉伯海湾南部沿海地区已经面临重大的资源利用冲突(MEPA,1992)。沙特阿拉伯王国的朱拜勒海水淡化排放口附近的近海海洋环境研究显示浮游植物群落呈季节性变化:夏季人口密度最高(1998,阿卜杜勒—阿齐兹),8 月和 5 月浮游植物生长旺盛。海水温度和盐度对浮游植物的丰富度似乎没有任何影响(Abdul-Aziz,2003)。目前,在 2016 年 7 月的浮游植物水平表明项目区的总数量密度是温和的。

使用 PRIMER 6(多变量生态研究中的普利茅斯例行程序)多样性指数生物多样性软件(3 个指数,即 Margalef 多样性指数 d、Pielou 均匀度指数 J' 和香农—维纳多样性指数 H')提供每种样品根据物种数量、个体数量和个体之间的分布情况。物种丰富度指数受到物种总数的影响很大,但对个体数量进行了一些修正补充,数值越高表示物种间个体的扩散程度越均匀,Pielou 介于 0(不均匀)和 1(均匀)之间,香农—维纳多样性指数的计算值表示物种的比例丰度,在 0(最不相同)和 4.6(最多样)之间。

Margalef 物种多样性指数和 Pielou 物种均匀度指数表明项目区物种多样性较好。在沿海中,Margalef 物种多样性指数通常波动约 2.5;河口的值通常较低,在更稳定的水域约为 3.5 或 4(Margalef,1975)。将这些典型值应用于项目区的多样性中可以看出,项目区内浮游植物 Margalef 多样性指数 d 平均值(4.1)显示出稳定的健康沿海环境,其中,浮游植物物种之间高指数与低浓度的值不同。

香农—维纳多样性指数值通常表示环境的平衡条件,数值在 1.5 ~ 3.5 的范围内。项目区域(香浓—维纳多样性指数为2.7)的平均香农—维纳多样性指数(H')指数显示出良好的多样性,表明健康的浮游植物群落。

4.4.4　结论

项目区的浮游植物群落主要由硅藻、甲藻、蓝藻、拟菱形藻、红海束毛藻、颤藻、海毛藻、原甲藻和细柱藻组成。

变异指数分析反映了项目区浮游植物多样性和健康环境状况。

样本中存在有害的藻类(HABs)或水华形成的物种,但由于数量非常少,其影响并没有记录。

4.5　浮游动物调查与分析技术

4.5.1　介绍

本节以迪拜哈翔电厂为例,介绍浮游动物调查与分析技术。浮游动物包含许多有机体,主要包括小原生动物和大型后生动物。浮游生物的生命周期也被称为其生命的年限,其在最后的死亡之前将自己寄身于其他浮游生物,或者沉入底栖地质。虽然浮游动物主要由环境水流输送,但它也经常进行自主运动。

4.5.2　方法

2016年7月,从项目区收集了16份浮游动物样本。采用Bongo网(筛孔200μm,口径0.3m,带校准流量计)采样(5min),孔隙度或网眼透明度(网眼孔面积与总网眼面积的比例)为55%。牵引绳末端连接10kg的质量来保持网表面以下的位置,校准流量计固定在网的中心的目的是测量进水网的流量,牵引速度(1.5~2.0km/h),使采样深度保持均匀,样品用5%甲醛(分析纯)溶液保存,直到进一步分析。

使用Folsom分离器或Stemple移液管作为主要仪器,取样50%~100%,具体比例取决于试验者。在使用Stemple移液管进行次采样之前,将样品用过滤的海水稀释至已知体积,并轻轻混合,使生物随机分布在容器中。然后使用Stemple移液管将样品试样等分,将其转移到计数室。Folsom分配器在鼓的中心具有半圆形分隔器,使得当滚筒来回旋转几次时样品可以分成两个或更多个部分,以便浮游生物被随机混合。通过再次重复上述程序,将分割的样品进一步细分为所需百分比。对桡足类、桡足类幼虫等主要群体进行计数,然后转换为100%的样品,而在立体显微镜下使用20倍放大倍数(20倍目镜和1目标)在全样本中计数少量组。使用复合显微镜（100 次）的较高放大倍数鉴定某些桡足类的物种。

浮游动物计算：

$$每单位体积的总体积过滤(X) = \frac{x}{w}$$

式中：x——由浮游生物网过滤的水的体积；

w——浮游生物捕获的特定类型的浮游生物的数量。

浮游生物样品通常是偏低的，因为一些浮游物可以通过网孔。这些可以应用以下公式来校正：

$$y = \frac{c}{CS}$$

式中：y——无偏差样本中特定类型的浮游物数量的估计；

C——取样器的捕捉效率；

S——网的网格选择性；

c——实际捕捉量。

浮游生物浓度 $\qquad Y = \frac{y}{w}$

净过滤效率 $\qquad F = \frac{N}{N'}$

式中：N——带有网的流量计的转数；

N'——没有网的平均转数（校准）。

单变量指数：Margalef 多样性指数 d、香农—维纳多样性指数 H'、Pielou 均匀度指数 J'。

4.5.3 结果与讨论

浮游动物样品分析的全部结果见表 4-17。项目区的浮游动物由 7 门（原生动物、毛棘皮动物、棘皮动物和脊索动物）组成。浮游动物的最大组合是节肢动物（39.0%），其次是原生动物（28.6%）和棘皮动物（16.0%）。

浮游动物种群数量变化范围为 798~1528 个/m³，平均种群数量为 1121 个/m³（图 4-46）。具体浮游动物种：麦冬幼虫（16.0%）、蚕蛾（11.1%）、拟除虫菊（9.9%）、细弱乌贼（7.7%）、纳布利藤壶（4.6%）、扭角螺（4.8%）、窝无节幼体（4.4%）、飞虱幼虫（3.6%）、桡足类无节幼体（3.4%）、糠虾幼体（3.5%）、甲壳类幼体（3.6%）。2016 年 7 月期间，该项目区浮游动物的主要种类为短角水蚤（3.4%）和桡足类（3.0%）（图 4-47、图 4-48），共记录 26 个分类单元。

表 4-17

项目区浮游动物组合及多样性（2016 年 7 月）（个/m³）

类别	浮游动物类型	M1	M3	M5	M7	M8	M10	M12	M13	M14	M15	M19	M20	M23	M24	M25	M26	L1	L2
原生动物门	海募毛类纤毛虫	67	114	52	130	142	58	59	28	54	124	145	124	58	24	48	121	110	80
	砂壳纤毛虫	200	136	124	117	154	112	185	143	102	124	175	98	145	98	52	104	40	120
	似铃壳虫	155	159	102	83	114	108	98	121	45	127	124	38	114	64	138	58	188	160
毛颚类动物门	粉眼蝶	22	23	12	11	22	24	22	20	18	22	14	24	26	28	24	26		
刺胞动物门	薮枝螅	67		42	8	64		24		68		52		46		22	24		
栉水母动物门	栉水母纲		45		42	48		42	36	46	58		42		48		58		
	大蚊科	22	45	47	32		42	42	44	44	46	12		44		44	22		
软体动物门	双壳类	8	45	12	21	42	28	42	36	48	24	26	52	14	24	12	8	12	12
	腹足动物	22	62	24	13	26	88	12	24	6	52	44	23	44	46	42	48	20	24
节肢动物门	平洋纺锤水蚤	44	68	52	38	42	46	42	44	48	46	38	52	24	36	44	48	98	78
	红纺锤水蚤	22	23	24	7	26	24	26	28	24	25	27	23	25	24	18	19		
	伪镖水蚤		23	24	4	24		25		22		12		24		13			

续上表

浮游动物类型	M1	M3	M5	M7	M8	M10	M12	M13	M14	M15	M19	M20	M23	M24	M25	M26	L1	L2
节肢动物门																		
歪水蚤	48	88	24	43	68	48	47	58	62	62	48	54	64	24	69	44	48	68
桡足类幼虫	44	68	40	34	42	41	45	46	24	35	42	38	52	42	46	42		
桡足幼体期	67	45	42	31	38	42	38	24	56	24	12	45	17	27	42	54		
中华哲水蚤	44	45	36	27	34	42	32	48	52	42	32	42	48	52	24	32	22	40
小长腹剑水蚤		23		24		28		24		26		18		24		12		
藤壶	67	68	62	54	63	62	60	58	48	54	57	42	38	46	68	72	48	24
短尾水蚤	22	23	12	19	24	12		12	24	23	15	18		22	24			
蟹		20		20		24			12		24	15			16			
甲壳类动物	44	45	42	36	42	39	40	46	38	42	40	39	38	42	40	38	48	24
原蚤状幼体		20	12	34		12		24			22			24		22		
莹光虾	22	23	20	14	14	24	22	23	25	26	24	23	24	28	22	24	42	24
糠虾幼体	44	45	40	30	45	46	39	42	40	39	45	42	46	40	38	39	22	28
棘皮动物门																		
蛇尾幼虫	200	227	128	170	212	124	228	198	202	142	196	210	121	206	132	202	124	198
脊索动物门																		
异体住囊虫	67	45	42	31	45	44	46	47	42	39	40	42	38	32	46	42	24	12
总计	1298	1528	1015	1073	1275	1118	1216	1138	1102	1202	1266	1041	1050	1001	1024	1159	798	868

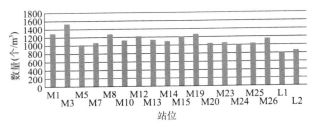

图 4-46　2016 年 7 月项目区浮游动物数量变化情况

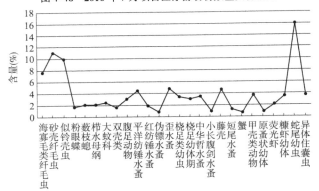

图 4-47　2016 年 7 月项目区浮游动物种类的百分比

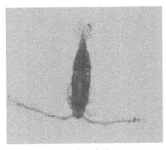

a)纺锤水蚤

b)歪水蚤

c)长腕幼虫

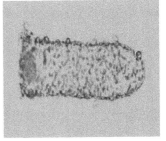

d)拟除虫菊

图 4-48　项目区普遍的浮游动物物种(2016 年 7 月)

表4-18列出了项目区浮游动物多样性指数。

2016 年 7 月项目区浮游动物多样性指数　　　　　表 4-18

站　　点	S	d	J'	H'
M1	21	2.79	0.90	2.74
M3	25	3.27	0.92	2.96
M5	23	3.18	0.93	2.91
M7	26	3.58	0.89	2.90
M8	21	2.80	0.91	2.76
M10	23	3.13	0.94	2.96
M12	22	2.96	0.90	2.79
M13	22	2.98	0.91	2.82
M14	23	3.14	0.92	2.89
M15	22	2.96	0.94	2.89
M19	24	3.22	0.89	2.82
M20	21	2.88	0.91	2.76
M23	21	2.88	0.94	2.85
M24	22	3.04	0.92	2.85
M25	23	3.17	0.93	2.92
M26	23	3.12	0.92	2.87
L1	13	1.80	0.88	2.26
L2	13	1.77	0.87	2.23

注:S 表示物种总数。

2016 年 7 月,d(2.93)和 H'(2.79)的浮游动物多样性指数反映了项目区浮游动物群落健康状况。

4.5.4　结论

8 门和 26 种分类组成了项目区的浮游动物群落。最大数量的群落组合为节肢动物,其次是原始动物和棘皮动物。

浮游动物密度和多样性反映了 2016 年 7 月期间项目区浮游动物社区的状况为中度至健康。

4.6 潮间带生态环境调查与分析技术

4.6.1 介绍

本节以迪拜哈翔电厂为例,介绍潮间带生态环境调查与分析技术。潮间带生态学是研究潮间生态系统的一门学科,潮间带位于低潮和高潮之间的区域。在低潮期,潮间带暴露;而在潮汐高潮时,潮间带被潮汐淹没。生活在潮间带的生物在恶劣环境中经受着环境的频繁变化,但它们发展了各种各样的策略来应对这些极端情况。

4.6.2 方法

在 2016 年 7 月期间,采用取样器采集距离项目区 4 个站点 10cm 深处的潮间带底栖样品。对潮间带样本数据进行处理和分析。

4.6.3 结果与讨论

2016 年 7 月项目区记录的潮间带底栖物种分布情况见表 4-19。4 个站点的潮间带大型底栖动物数量范围为 1060 ~ 1280 个/m³(平均 1175 个/m³)。在个体和物种的数量方面,软体动物、环节动物和节肢动物是最常见的门,分别占总量的98%、1% 和 1% 。

2016 年 7 月项目区不同采样点潮间带大型底栖动物的   表 4-19
分布情况(个/m³)

物种/门/群	IT1	IT2	IT3	IT4
鲈鱼属	40	——	20	——
褐线蟹	320	240	360	320
旋木雀科	160	120	200	240
麦螺科	560	640	480	620
钟螺科	80	40	——	60
玉螺属	80	——	40	40
两足纲	20	20	——	——
总计	1260	1060	1100	1280

主要物种包括 Mitrella blanda 属(48.9%)、Bittium 属(26.4%)和 Certhidae 属(15.3%)。这些物种属于腹足动物,具有保护性的覆盖物,占潮间带群落的 98%。

潮间带也称为沿海地带,是高潮与低潮之间的区域。该区域随着潮水的流入和流出而不断变化。因此,居住在这个地区的生物具有各种各样的生存适应性。暴露在空气中的生物必须能够防止(或耐受)干燥。因此,许多生物体具有诸如壳的保护性覆盖物。

4.6.4　结论

具有保护性覆盖物的软体动物(Gastropods)占项目区潮间带群体的98%。

4.7　本章小结

本章主要对工程建设前的工程区域进行海洋水质、底质、底栖生物、浮游生物和潮间带生态环境调查与分析研究。因为迪拜哈翔电厂位于海洋生态保护区,所以本章为项目施工提出环境保护依据,并为项目的生态保护技术提供参考。

5 滨海电厂生态保护技术

项目建设内容包括海床疏浚,建造码头设施和新的防波堤等。这些建设将改变项目区的水深、海滩剖面和海床特征,会影响底栖生物和珊瑚等动植物的生存环境。而珊瑚礁的退化常常会导致底栖群落的永久性转移。为满足项目施工过程中对环境的保护要求,必须对工程现场的珊瑚进行迁移或使其在防波堤周围生长。

珊瑚的生长迁移计划主要包括以下内容:

(1)与 Nakheel 公司合作,根据防波堤的设计确定合适的珊瑚接收地点。

(2)确定珊瑚的转移和储存方法。

(3)确定合适的珊瑚礁供体位置和受体位置的 GPS 坐标。

(4)确定将要转移的珊瑚数量,收集、运输和按所需的天数储存珊瑚,以及后续的固定。只考虑迁移健康、可移动的珊瑚。

5.1 人造珊瑚礁技术

当前在海域工程项目内对环境的要求越来越严格,利用人造礁体来吸引珊瑚虫进行附着并且发育成人造珊瑚礁也是一个修复受损海洋生态环境的方法。而且世界各国政府已将大量陈旧或损毁的大型设备沉入海洋,可以让它们变成人造珊瑚礁。沉睡在海床上的地铁、坦克和海军舰艇成为海洋生物的安乐窝,同时也吸引大量潜水爱好者。

人造珊瑚礁具有很强的稳定性,人们在海水中放入人造珊瑚礁不仅有利于保护天然珊瑚和其他各种海洋生物,为大量的寄生生物遮风挡雨,有效修复工程区的海域生态环境、降低海水富营养化的程度,还能有效减小海浪的冲击力,阻止海水上涨对陆地的侵蚀。

人造珊瑚礁可以选用各种不同的材料和人工礁型,将具有不同作用的一些礁体材料投放水域后,会释放出一定的化学成分,改变周围海域中某种因子的含量。例如,钢材释放出的铁离子对海洋浮游生物有益,进而其更容易使海洋生物附着,但其耐腐蚀能力差,制造成本高。而且礁体表面的粗糙程度会增加一些小型生物和大型附着生物的附着概率,表面粗糙或者有突出部位的礁体比表面平坦的礁体的附着效果更好。例如,混凝土人造珊瑚礁表面粗糙,易于附着多种生物,体积可控,制作构型快捷,海域适应能力强,但其海水耐久性不高,需做防腐蚀处理。

人工礁体投放后会改变周边水流,形成一个上升流和背涡流,这两种流的强度可以用其高度与礁高之比来表示,比值越大,产生的流越强。上升流的出现,会使各水层海水交换加强,从而有利于海底营养物质向上运输和表层氧的下运,从而改善海域的整体水质,使生物尤其是珊瑚虫和藻类繁殖茂盛。在背涡流区,营养盐和海底底质可以沉积,这都有利于鱼类和其他海洋生物来此索饵、繁殖、避难和栖息,从而增加了环境群落的生物多样性。

人工礁体的结构需要根据投放海域情况和实际功能进行统筹选择。礁体的外形尺寸主要判断指标是礁体外形的长、宽、高,通常按照礁体的体积和质量来区别小型礁体和大型礁体。小型礁体体积 $1 \sim 30m^3$、质量 $0.1 \sim 3t$,一般布置在水深较浅的近海海域;大型礁体体积 $100 \sim 400m^3$、质量 $15 \sim 70t$,布置在水深较深的近海或外海海域。按结构外形分类,人工礁体主要有四方形、三角形、梯形、圆筒、十字形、人字形、箱形、星形、半球形、船形、框架形以及异型礁、组合礁等。

本节重点对自然块石和钢筋混凝土构件的人工造礁技术要求及实施方法加以介绍。

(1)自然块石造礁

尽量选用单个体积较大、不规则、坚实无风化的自然山石,单个石块应在100kg以上。投放方式分为堆投、垄(行)投和散投 3 种方式,以垄投和堆投为主。堆形投石,每堆投石不小于 $100m^3$,堆与堆之间距离为 $10 \sim 20m$,其高度以礁石的自然堆积为限。垄(行)形投石,每垄底宽 $5 \sim 6m$,高 $1 \sim 2m$,长数十米至数百米,垄(行)距10m 左右。散投,其位置在资源保护区岩礁外缘和没有大叶藻类分布的泥沙质沿岸海域,避免破坏大叶藻类资源。投放时垄(行)形投石的情况下,垄的走向要与海流平行。但是不管哪种方式投石,都要避开海藻场,以免破坏海藻资源。

(2)钢筋混凝土构件造礁

设计时要达到聚集珊瑚虫的最佳效果,要充分考虑礁体的使用寿命,一般不得低于 30 年,并且要适宜海域底质构造和海域自然环境特点,最后要考虑投资的成本效益。材料要求:钢筋直径在 6.5mm 以上,在箱体各面双层编制,整体相连牢固,水泥强度等级为 42.5,砂为粗砂粒,不得含有泥土,否则影响铸体强度,石子大小约为 $1 \sim 3cm$,混凝土强度要求达到 C25。

礁体的形状应根据礁区的生物资源类型和水深为主,设计适宜的礁体形状和高度。小型钢筋混凝土礁体设计有多种形式(如箱体形、框架形、异体形等),大型钢筋混凝土礁体以船形礁体为主。礁体制作时要整体制作,一次成型,礁体每一侧面制作都要平整,不得发生倾斜,水泥浇筑时要用振动棒振动、浇实,不得有空隙。

钢筋混凝土制作并且验收合格后方可投放,在钢筋混凝土礁体投放时,利用起吊机械将礁体吊起,并从海面一直放到海底,然后脱钩。对小型鱼礁允许吊到水面,让其自由落下。礁体可分多层投放,一个单位礁体体积达到400m³以上。

(3)注意事项

作业设施必须符合安全要求,每次作业前进行全面检查,安全防护措施到位后方可施工,所有投放要保证有较精确的投放位置,以便于今后跟踪调查,要利用好GPS定位系统,将礁体投放到预定地点,同时,要考虑"仪器"误差,以及水流、风向、水深等因素的影响,每个单位鱼礁投放完毕后,都要建立档案,记录投放地点、经纬度、数量等,在施工海域均应设置施工航行安全警戒标志。

项目建成后,加强人工礁体的监督管理,礁体投放完毕后,在礁区四周设置浮标,发布航行通告和管理规定,做好设施管理和维护、人工礁体区的清洁和养护。

5.2 珊瑚移植保护技术

本节以迪拜哈翔电厂为例,介绍珊瑚移植保护技术。

5.2.1 方法

1)珊瑚的选择

根据项目区域的潜水作业程序、珊瑚迁移工作的要求培训了14名潜水员,利用三艘梭鱼式玻璃纤维船,由舷外发动机提供动力,进行珊瑚迁移(图5-1)。设置坐标系统,在适当的位置放置了浮标(图5-2)。

图5-1　珊瑚迁移小组　　　　　图5-2　用相同的地区名称标记的浮标

关于珊瑚处理的具体要求:①只收集健康的珊瑚;②避免处理珊瑚有生命的部

分;③最多选择 30% 的多孔菌,并优先选择优势物种的珊瑚,而不是多孔菌;④确保珊瑚在搬运和运输过程中不相互接触;⑤确保珊瑚不长期暴露在空气中,不暴露于阳光直射下。

在处理珊瑚时,优先考虑世界自然保护联盟红色名单上的"易受危"和"近危"的珊瑚礁物种、当地稀有或不常见的物种,而且只有健康的菌落才是适合迁移的。以下珊瑚物种被列入世界自然保护联盟的红名单(状况见括号),获得高度重视:Anomastraea 不规则珊瑚(易危)、大圆盘珊瑚(易危)、澄黄滨珊瑚(低危/近危)、脑纹珊瑚种(精巧扁脑珊瑚,低危;片脑纹珊瑚种,近危)、哈里森滨珊瑚(近危)、羽状鹿角珊瑚(低危)、罗图马蜂巢珊瑚(低危)、网格铁星珊瑚(低危)。

2)珊瑚的采集和运输

所有珊瑚群都由两个专门的潜水员使用梅花锤和凿子采样。

所有用于珊瑚移位的设备都由一个支撑船存放在珊瑚供体中心的浮球上。

每一对潜水员携带了 10 ～ 12 个篮子(尺寸为 54cm×42cm),从有浮标的铅球线出发,到达他们分配的 100m×100m 的珊瑚礁区(图 5-3)。

每一个珊瑚区域都用胶带在长 4100m 的边沿上划定。

每一对潜水员都根据预先计划越过划定的珊瑚区,用棍、棒、锤子和凿子将选定的珊瑚移走,并将移出的珊瑚小心地放在携带的篮子里。然后将装有珊瑚的篮子和充满海水的开放水箱从

图 5-3　用胶带标出的 100m×100m 的珊瑚采集面积

采集地运到迁移所在地。在篮子上覆盖塑料防水布,以防止在运输途中遭受阳光直射。

3)珊瑚的移植

对 1 号海滨岛以东的 Jebel Ali 人工鱼礁和在海滨 2 号岛等地点进行的调查表明,所有这些地点都不适合进行珊瑚移植。但是,研究认为 Nakheel 拥有的海滨 1 号岛的西北防波堤适合移植珊瑚,迪拜市政府已批准将该地点作为接受珊瑚移植的地点。图 5-4 给出了珊瑚采集和珊瑚迁移受体的防波堤所在地坐标。两个地点之间的距离约为 2km。

在现场使用无毒环氧水泥(Carboline Splash Zone A-788)来固定珊瑚,该产品由可在水下人工混合的两部分组成,在 Ghantoot 的环境温度、20min 内凝固成坚硬的水泥。调查迁移的珊瑚可知,其可以生长在环氧水泥之上并且没有任何不利影响。珊瑚被成簇地固定在防波堤的辉长岩岩石上。在移植固定期间,考虑了珊瑚群体之间需要拥有的足够空间。

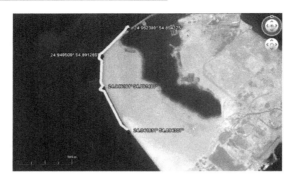

图 5-4　珊瑚移植地

5.2.2　结果

2016 年 11 月 15 日至 2016 年 12 月 28 日进行了为期 44 天的珊瑚移植作业。在这一期间,经常发生大风和能见度差的情况,只有在 44 天期间的第 18 天,才开展实地工作。在任何一天的作业中,都会部署 2~3 艘玻璃纤维船,8~14 名潜水员利用 160 个彩色的珊瑚收集运输篮参与珊瑚的迁移。图 5-5~图 5-17 显示了珊瑚迁移小组的主要移植活动。

图 5-5　2016 年 11—12 月期间,三艘船沿
HCCIPP 项目区的迁移地移动

图 5-6　潜水员把珊瑚运输篮存放在
沿线上

图 5-7　潜水员用锤子和枕木将珊瑚
从珊瑚区移走

图 5-8　珊瑚被存放在篮子里,准备转移到
船只上运送到接收地点

图 5-9 把篮子抬上船运至接收地点

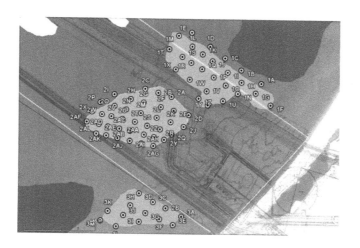

图 5-10 三个主要的 100m×100m 的富珊瑚采集地点

图 5-11 HCCIPP 项目区内的三个主要的珊瑚
采集地

图 5-12 船只将珊瑚篮转移到海滨第一岛波
防堤的迁移接收地点

图 5-13 在水下混合无毒的双成分环氧水下
水泥固定珊瑚

图 5-14 固定在海滨 1 号防波堤的珊瑚

图 5-15 从迁移的地点收集到的珊瑚

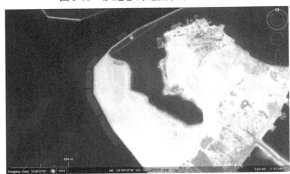

图 5-16 海滨 1 号岛旁的珊瑚接收地

共有 29136 珊瑚（表 5-1）从 Hassyan（1 区、2 区和 3 区）和 Hassyan 离岸区的 3 个主要捐助区转移到 Waterfront 岛 1（1~3 区）的西北防波堤（图 5-17、表 5-2）。这一总数略微超过珊瑚群的总计 28850 个目标。每个珊瑚分类群移植珊瑚的数量显示在图 5-18 提供的直方图中，并且每个物种类别的总体百分比显示在图 5-19 中的直方图中。相关表格见表 5-3~表 5-6。

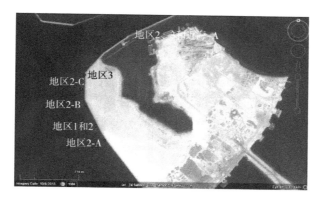

图 5-17 珊瑚移植接收点的位置

珊瑚移位现场工作天数和迁移到接收地区的珊瑚数量 表 5-1

日 期	工作地区或海况	珊瑚礁采集	珊瑚移植	接 收 地
2016-11-15	动员			
2016-11-16	1	2500	1400	从 1 到 2
2016-11-17	1	1900	3000	从 1 到 2
2016-11-18	1 和 2	1600	1600	从 1 到 2
2016-11-19	1	1400	0	从 1 到 2
2016-11-20	Waterfront		1400	从 1 到 2
2016-11-21	能见度低			
2016-11-22	Shamal			
2016-11-23	Shamal			
2016-11-24	Shamal			
2016-11-25	Shamal			
2016-11-26	Shamal			
2016-11-27	Shamal			
2016-11-28	2 和 3	2800	2800	从 2 到 3
2016-11-29	能见度低			

滨海电厂水生态环境保护关键技术研究与应用

续上表

日　　期	工作地区或海况	珊瑚礁采集	珊瑚移植	接　收　地
2016-11-30	Shamal			
2016-12-1	Shamal			
2016-12-2	2 和 3	3200		
2016-12-3	2 和 3	3600	1200	从 2 到 3
2016-12-4	2 和 3	400	4600	从 2 到 3
2016-12-5	2 和 3	400	1800	
2016-12-6	极好			
2016-12-7	2 和 3	2400	2400	从 2 到 3
2016-12-8	Shamal			
2016-12-9	Shamal			
2016-12-10	Shamal			
2016-12-11	Shamal			
2016-12-12	Shamal			
2016-12-13	Shamal			
2016-12-14	能见度低			
2016-12-15	2 和 Offshore	4600	2700	从 2 到 3
2016-12-16	Waterfront		1300	从 2 到 3
2016-12-17	Shamal			
2016-12-18	Shamal			
2016-12-19	Shamal			
2016-12-20	极好			
2016-12-21	2 和 3	2700	0	
2016-12-22	2 和 3	800	800	从 2 到 3
2016-12-23	Waterfront	—	3300	从 2 到 3

续上表

日　　期	工作地区或海况	珊瑚礁采集	珊瑚移植	接　收　地
2016-12-24	能见度低			
2016-12-25	能见度低			
2016-12-26	2 和 Offshore		836	从 2 到 3
2016-12-27	接收点 1-3		Survey	从 1 到 3
2016-12-28	Demobilization			
总　计		29136		

移植接收地位置　　　　　　　　　　　表 5-2

接　收　地	纬　　度	经　　度
地区 2 和 3	24.953510°	54.895420°
地区 3	24.949500°	54.891280°
地区 2-C	24.947940°	54.890900°
地区 2-3	24.946683°	54.891238°
地区 1 和 2	24.943800°	54.892730°
地区 2 A	24.942277°	54.893803°

图 5-18　2016 年 11—12 月期间在滨水岛 1 号移植的珊瑚物种数量

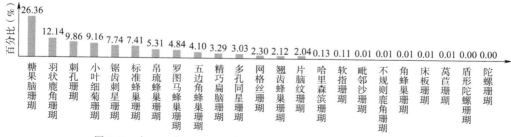

图 5-19　在 2016 年 11—12 月期间滨水岛 1 号移植的珊瑚类别的百分比

表 5-3

2016 年 11—12 月从 1-3 区和近海区各种珊瑚物种数量（列入世界自然保护联盟濒危物种红名单）

珊瑚种类	状态	地区 1					地区 2						地区 3				近海	总数
		1A-1E	1F-1M	1H-1T	1U-1X	1Y-1Z	2A-2C	2D-2I	2J-2P	2Q-2X	2Y-2AF	2AG-2AL	3A-3D	3E-3H	3I-3K	3L-3M		
糖果脑珊瑚	LC	—	—	—	—	—	—	—	—	—	—	—	—	—	—	—	—	1
羽状庵角珊瑚	LC	63	24	36	56	66	172	49	84	137	133	150	268	398	240	284	—	2160
刺孔珊瑚	LC	50	86	93	72	97	131	173	208	161	156	194	163	136	147	64	324	2255
小叶细菊珊瑚	LC	110	112	148	147	104	203	218	221	226	206	206	140	58	124	198	248	2669
锯齿刺星珊瑚	LC	10	40	38	12	14	148	211	202	193	119	150	24	36	52	64	98	1411
标准蜂巢珊瑚	LC	26	24	14	12	16	74	24	48	24	32	42	54	58	46	42	58	594
帛琉蜂巢珊瑚	LC	80	85	83	108	116	264	330	324	275	234	176	113	106	98	132	348	2872
罗图马蜂巢珊瑚	LC	6	14	12	22	12	42	91	74	98	69	85	24	36	38	24	24	671
互边角珊瑚	LC	—	—	—	—	—	1	1	1	1	—	—	—	—	—	—	—	2
精巧角蜂巢珊瑚	LC	98	58	24	36	42	68	86	64	54	76	98	124	108	124	136	—	1196
多孔同星珊瑚	LC	—	1	—	2	—	3	4	6	2	8	2	2	2	1	—	—	31
网格丝珊瑚	LC	—	—	—	—	—	—	1	—	2	—	1	—	—	—	—	—	4
翘齿蜂巢珊瑚	NT	—	—	—	—	—	—	1	1	1	—	—	—	—	—	—	—	2
片脑纹珊瑚	NT	94	62	48	78	46	84	104	139	84	119	131	126	128	146	158	—	1547
哈里萦淀珊瑚	NT	24	24	24	12	18	42	84	98	91	115	61	84	64	44	98	—	883
软指珊瑚	NT	211	214	235	238	261	714	736	882	699	624	701	594	419	398	754	—	7680
毗邻沙珊瑚	NT	4	2	6	2	2	11	8	—	2	2	—	—	—	—	—	—	37
不规则庵角珊瑚	NT	8	14	6	12	14	54	42	62	28	39	24	24	12	24	28	227	618
角蜂巢珊瑚	VU	—	—	—	—	—	1	—	—	—	—	1	1	—	—	—	—	2
床板珊瑚	VU	—	—	—	—	—	—	—	—	—	1	—	—	—	—	—	—	1
莴苣珊瑚	VU	—	—	—	—	—	—	2	2	—	—	—	—	—	—	—	—	2
盾形陀螺珊瑚	VU	—	—	—	—	—	—	—	—	—	—	—	—	—	—	—	960	960
陀螺珊瑚	VU	28	56	24	28	47	425	449	498	563	174	280	212	142	156	308	148	3538
合计	—					4109							7581				2435	29134

注：VU-易受伤害；NT-濒临危险；LC-低危。

表 5-4

2016 年 11—12 月期间覆盖在 HCCIPP 项目区域内的珊瑚礁面积

名 字	形状类型	点位数	面积(m²)	周长/长度(英里)	质心/中点(经纬度)	最大定界框(经纬度)	最小定界框(经纬度)
Waterfront Side	多边形	66	169773	1.3	24°55.27146′, 54°54.02610′	24°55.42020′, 54°54.27918′	24°55.15172′, 54°53.83910′
Jetty	多边形	50	184734	1.1	24°55.11647′, 54°53.73876′	24°55.227′, 54°53.9339′	24°55.01420′, 54°53.51655′
Abu Dhabi Side	多边形	33	83612	0.79	24°54.78559′, 54°53.73909′	24°54.86627′, 54°53.91485′	24°54.73210′, 54°53.58867′
StnM 13	多边形	70	72861	1.0	24°92.69471′, 54°87.43202′	24°92.84464′, 54°87.75768′	24°92.54229′, 54°87.14121′
StnM 4-5	多边形	63	59913	0.91	24°92.46425′, 54°88.74596′	24°92.61108′, 54°89.00047′	24°92.33164′, 54°88.38919′
Stn 14	多边形	20	21692	0.35	24°93.18245′, 54°87.01147′	24°93.26172′, 54°87.11056′	24°93.11512′, 54°86.91349′
Stn 15	多边形	29	27634	0.42	24°93.49145′, 54°86.75786′	24°93.56900′, 54°86.87230′	24°93.40866′, 54°86.64998′

表 5-5

2016 年 11—12 月期间覆盖在移植接受地点的珊瑚礁面积

名字	形状类型	点位数	面积(m²)	周长/长度(英里)	质心/中点(经纬度)	最大定界框(经纬度)	最小定界框(经纬度)
TP1	多边形	14	7532	391	24.9532304°, 54.8947790°	24.9537991°, 54.895469	24.9526476°, 54.8940975°
TP2	多边形	8	12581	514	24.9502143°, 54.8912378°	24.9510477°, 54.8920698°	24.9494996°, 54.8904138°
TP3	多边形	6	19500	630	24.9484029°, 54.8908168°	24.9494843°, 54.8912763°	24.9473493°, 54.8903696°
TP4	多边形	6	30766	868	24.9457460°, 54.8913054°	24.9472888°, 54.8924475°	24.9442148°, 54.8904171°
TP5	多边形	7	38449	1015	24.9425174°, 54.8931690°	24.9444127°, 54.8946298°	24.9406929°, 54.8918361°

表 5-6

从采集地点(HCCIPP)移植到接收地点(海滨岛)的珊瑚物种数量和 2016 年 11—12 月间的目标数量

移植参考	名字	形状类型	面积(m²)	覆盖率(%)	状态	珊瑚数目	健康珊瑚数目	即将被移植的珊瑚数目	移植的目标数量
地区 1	Waterfront Side	多边形	169773	3	79%基质 有淤泥	15300	8000	4000	4102
地区 2	Jetty	多边形	184734	30	密集	73800	30000	15000	15073
地区 3	Abu Dhabi Side	多边形	83612	30	密集	33400	15000	7500	7527
近海	M13 站	多边形	72861	3	不完整	4370	2500	1250	2434
	M4-M5 站	多边形	59913	0	65%基质 有淤泥	—	—	—	
	14 站	多边形	21692	3	不完整	1300	1000	500	
	15 站	多边形	27634	2	不完整	1700	1200	600	
—	总计	—	—	—	—	129870	57700	28850	29136

5.3 珊瑚移植后监测技术

5.3.1 介绍

本节以迪拜哈翔电厂为例,介绍珊瑚后监测技术。2016 年 11—12 月期间,迪拜创新三角洲环境顾问公司从哈翔洁净煤发电厂项目的近海环境中移植珊瑚,并进行移植珊瑚三个月后情况监测。

5.3.2 方法

2017 年 4 月 18 日,在滨水区第一岛西北防波堤附近 3 个地点进行了 3 个 30m 长的横断面的拍摄。监测站点的位置细节如表 5-7、图 5-20 所示。

所拍摄的影像资料　　　　　　　　　　　　　　　表 5-7

视　频	纬　度	经　度	时　间
站点 1	24.941631°	54.894307°	02:07
站点 2	24.946161°	54.891480°	02:48
站点 3	24.949509°	54.891285°	02:13

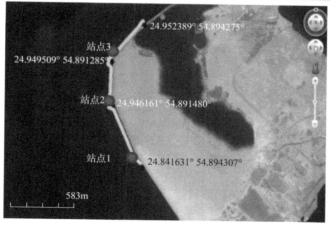

图 5-20　监测站位置

5.3.3 结果

除了观察到感染阿拉伯黄带病(AYBD)的少数多孔珊瑚以及少量死鹿角珊瑚外,绝大多数遇到的珊瑚是健康的。

大约 5% 的鹿角珊瑚出现一些热应力的迹象,部分珊瑚的表面结构白化并有

109

死亡的珊瑚斑块。但是,这些珊瑚大部分并非迁移珊瑚。少量迁移的鹿角珊瑚发现有死亡现象。也有证据表明,移植过来的鹿角珊瑚完全恢复并大量繁殖(例如,监测站,00:57)。

除了一个 Cyphastrea 接收地(监测站,01:18)外,所有移植的珊瑚大多牢固地附着在辉长岩岩石基底上。

除了少数的鹿角珊瑚群体,没有证据表明任何移植的珊瑚发生群体死亡。然而,一些大规模的移植群体在与环氧固定剂的接触点出现了小面积的珊瑚死亡迹象。然而,这些生长缓慢的珊瑚也可能会像生长较快的鹿角珊瑚一样在一定时间内定居于环氧基板。

在 2017 年 4 月的监测调查中,共观察到 12 种鱼类,包括几种与珊瑚相关的雀鲷、蓝斑嘴鹦鹉鱼和黑斑蝴蝶鱼。

珊瑚的大致情况,见表 5-8 和表 5-9。

珊瑚的大致情况(1)　　　　　　　　　　表 5-8

珊 瑚 种 类	视频 1	视频 1 健康状态	视频 2	视频 2 健康状态	视频 3	视频 3 健康状态
橙黄滨珊瑚属	普通	很好	普通	好	普通	很好
陀螺珊瑚属		很好	差	好	差	好
刺星珊瑚属	普通	好	普通	好	差	好
鹿角珊瑚科	普通	好	普通	良好	普通	良好
蜂巢珊瑚属	普通	好	普通	好	普通	好
菊花珊瑚属	普通	好	普通	好	普通	好
哈里森滨珊瑚	普通	很好	普通	好	普通	好
刺孔珊瑚属			普通	很好		

珊瑚的大致情况(2)　　　　　　　　　　表 5-9

珊瑚覆盖	站点 1 覆盖率	站点 2 覆盖率	站点 3 覆盖率
滨珊瑚属	1.5	2	2
陀螺珊瑚属	0.5	2.5	1.5
刺星珊瑚属	2	2.5	2.5
鹿角珊瑚科	不计	不计	不计
蜂巢珊瑚属	3	1	3
菊花珊瑚属	5	5.5	5.5
滨珊瑚	3	4.5	7
刺孔珊瑚属	—	0.1	
合计	15	18.1	21.5

5.4 本章小结

　　本章主要介绍了利用珊瑚移植的生态保护技术(包括人造珊瑚技术和利用人工潜水作业的珊瑚移植保护技术)对珊瑚进行快速移植,并且建立了珊瑚水下后监测系统,定期观测珊瑚生长情况,为迪拜哈翔滨海电厂的水下生态保护提供技术依据。

6 滨海电厂生态疏浚技术

6.1 全过程三维泥沙输运模拟技术

6.1.1 模型介绍

本节以迪拜哈翔电厂为例,介绍全过程三维泥沙输运模拟技术。为提高计算效率,采用了基于海湾范围模型、区域模型和局部模型的三级嵌套方法。海湾范围模型和区域模型都是二维深度平均模型,而局部模型是三维的(3D),有 7 个垂直层,以处理沉积细颗粒羽流中产生的分层效应。

6.1.2 模型区域

计算模型的网格域的范围分别显示在图 6-1 ~ 图 6-3 中。海湾范围的模型涵盖整个阿拉伯湾,延伸到阿曼海,那里有一个开放的潮汐边界。将整个海湾包括在内,可确保模型中能捕捉到任何大规模的流动(例如回旋),并将这些特征转移到区域模型的开放边界。由于其空间范围大,海湾范围的模型以球面/地理坐标表示,适当考虑地球表面的曲率,模型方程中包括适当的科氏力项。

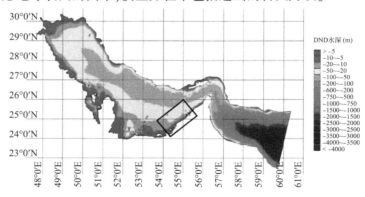

图 6-1 二维海湾范围数值模型域

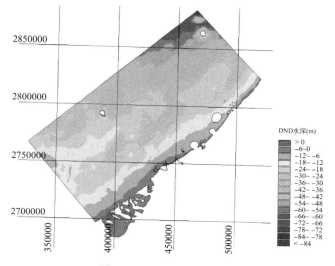

图 6-2　二维区域数值模型域

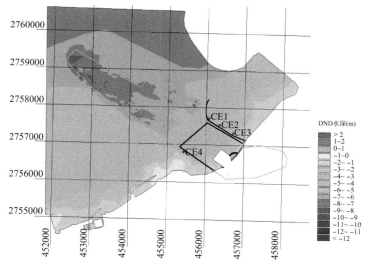

图 6-3　三维局部模型域

　　区域模型域包括迪拜和阿布扎比海岸前沿的近岸地带,达到 30 ~ 60m 水深等值线(见图 6-1、图 6-2 中的标记部分)。区域模型有沿东北、近海和西南三个开放边界,在那里水位和水流从海湾地区转移。

　　局部模型域的空间范围是根据以下两方面的平衡而得出的:一方面,需要将开放边界设置在距离项目地区足够远的位置,考虑项目结构、敏感的场地接收器、水质监测地点、测量地点以及水流和沉积物来源等因素,以防止出现不适当的边界影响;另一方面,也要平衡计算需求,因为三维模型计算量很大(即长期时间)。由此产生的三维局部模型域如图 6-3 所示,东北部与 Nakheel 迪拜海滨开发和堤道接壤,南部和东南部为海岸线,同时沿着北边缘和西部边缘有两个开阔的边界。这些开放边界是从区域模型转移水位和水流条件。

区域模型和局部模型都使用 DLTM 投影坐标系统表示。

1)海底地形测量

海湾和区域模型域所用的测深数据,是以下列资料为基础,按优先次序组合而成:

(1)全球数据集 ETOPO1;

(2)迈克 CMAP 数据;

(3)从 Halcrow 档案收集的各种区域模型的测深数据。

这些测深集合已全部简化为一个共同的垂直基准(DMD),并合并使用。按升序合并意味着,当数据发生重叠时,将较高优先级的数据用于模型域的该区域。

区域模型使用的测深数据来自上述数据和 2016 年 7 月 25 日至 7 月 27 日进行的特定项目现场测深调查,覆盖面积 $4117113m^2$,取代了上述测深范围,并考虑当地测深变化,因为其分辨率很高。数据是在由多边形线包围的区域内获得的,如图 6-3 所示。大约间隔 10~20m 放线,根据海床水位对数据进行修正。

2)海岸线边界

这三个模型中的海岸线信息是由 Google Earth Pro 的数字化海岸线、其他卫星图像以及 CH2M 存档的测岸线的综合结果得到的。

6.1.3 模型网格

1)二维海湾范围模型网格

图 6-4 显示了海湾范围模型的网格分辨率,其特点是三角形元素的边长从阿曼海的 40km 到海湾内的 1km,特别是在阿联酋的水域。网格成功使用了几年,并被认为足以模拟海湾内的大规模流动特征,然后将其传递给分辨率更高的区域尺度模式。

2)二维区域模型网格

图 6-5 显示了区域模型的网格分辨率。其特点是三角形元素的边长包括从近海 6km 到近岸 100m 之间的范围。请注意,区域模型由一组 5 个多边形组成,这些多边形将网格密度级连到网格单元数最多的位置,位于 HCCIPP 项目站点的中心位置上,这样就可以看到网格密度。

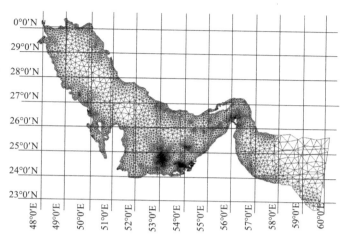

图 6-4 二维海湾地区模型网格

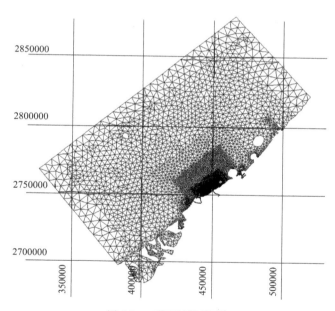

图 6-5 二维区域模型网格

3）三维局部模型网格

选择局部模型的模型域和网格（图 6-6），以便使域的边缘连接到最近的陆地点，将域的东北部大部分区域作为迪拜滨水区开发。此外，局部模型域的近海边缘是海水入口处最远近海位置的 200m 向海。西域边界足够远（经过 Ghantoot、Abu

Dhabi),以防止在建模中出现任何边界影响。初步运行表明,沉积物羽流达不到水质自动监测系统的 4 级和 5 级,模型网格应有足够的空间来涵盖所有羽流扩散和疏浚分散的情况。

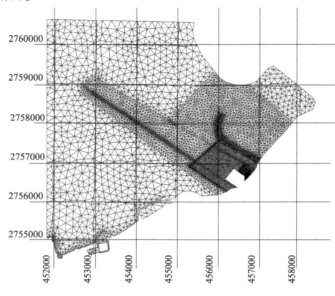

图 6-6　三维局部模型网格

区域模型网格具有以下属性:

①三角单元的边长从近海区域的 200m 到拦污帘内的第 1 阶段项目区的大约 15m,靠近沉淀池排水口。

②进排水管沟槽用大约 25m×10m 的四边形和矩形单元表示。

③拦污帘的边缘用大小为 5m×20m 的四边形和矩形单元来表示。

(1)拦污帘网格

第一阶段的拦污帘按如图 6-7 所示排列,有 3 种不同的布设形式。

①封闭整个防波堤、水池、进排水管沟和沉淀池排污口的主要拦污帘,位于第一阶段区域和沉淀池排污口范围内。

②一个额外的珊瑚边缘拦污帘,保护项目区东北方的珊瑚。

③沉淀池的排水口周围设置双层拦污帘。

建议在主要的拦污帘上增设拦污帘,以便在主要的拦污帘失效时,或在减少悬浮泥沙羽流方面,对悬浮泥沙羽流起到额外的缓解作用。

图 6-8 中显示了高分辨率视图下的拦污帘局部模型网格。拦污帘由 20m 长、间隔约为 20m 的锚块相连。

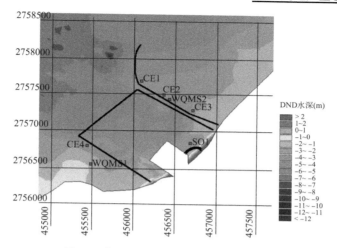

图6-7 附近敏感场地监测位置的拦污帘排列

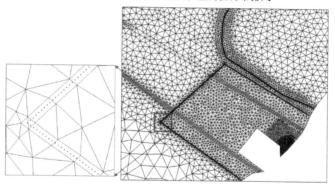

图6-8 拦污帘局部模型网格

因海床沿线垂直变化使拦污帘呈沿线排列。根据拦污帘和临时浮标的安装方法说明,拦污帘的设置将有所不同。拦污帘底部用钢丝绳系住,从海底大约垂下0.3~0.5m。但是要注意,拦污帘底部有松弛或褶皱的,不能表示在局部模型中表示。拦污帘从表面到底部形成长方形闸门,其控制系数用于表示海床和幕帘底之间的空隙。

（2）闸门功能与拦污帘的渗透性

拦污帘的局部模型网格采用参数化闸门。闸门是模型套件中唯一可用的工具,可以部分地表示渗透效果,因此不是一个完整的屏障,是淤泥幕。图6-9显示了在MIKE3用户手册中定义的闸门示意图。

闸门用网格单元面来定义。门的垂直范围可以配置为沿着整个水体的延伸,使得门的顶层是水面,并且门的底部被描述为全水体模型的底床。由控制因子调节的闸门下的水流如下所述。

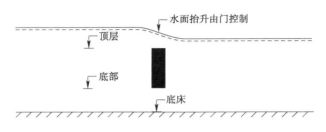

图 6-9　闸门示意草图

闸门可以配置为水体的一个子集,使得水流可以在闸门之上或之下越过或穿过。

沿着由两个端点限定的网格单元的直线部分均匀施加在拦污帘上。第一阶段的拦污帘有三个部分:NE、离岸和 SW。每个剖面具有不同的平均深度,因此 0.4m (0.3m 和 0.5m 之间的平均值,即污拦帘底部与海床之间的间隙)与平均深度的比值沿每个样线变化,并且每个部分的渗透系数是不同的。

6.1.4　模型边界条件

二维和三维模型需要初始和边界条件来控制模型。

1)初始条件

对于海湾范围模型和区域模型,初始条件是沿开边界的平均水位并且速度设置为零。从这个冷启动开始,模型先运行 7d 用来启动模型。然后使用运行 7d 得出来的结果作为新的初始条件,继续运行模型。

对于局部模型,模型校准运行采用了类似的方法。为了使项目模型进一步运行,先进行了单独的 6d 模型运行以用来启动模型,其中包括从沉淀池导出的排水管模型。然后将来自上一时间的流量和速度的输出结果作为模型运行的初始条件 (热启动),其包括泥沙输运模型的耦合作用。

2)边界条件

对于海湾范围模型,近海边界的潮汐水位是从 DHI 的 MIKE 21 工具箱中的 GTM(全球潮汐模型)中提取的。根据 TOPEX/POSEIDON 卫星资料,GTM 可预测主要全日潮(K1、O1、P1 和 Q1)、半日潮(M2、S2、N2 和 K2)以及 S1 和 M4 潮汐分量的潮汐位,空间分辨率为 0.125°×0.125°。

对于区域模型,将从海湾范围模型中提取的边界水位和速度分量应用为

Flather条件。Flather(1976)条件是最有效的开边界条件之一,并且在将粗糙模型模拟缩减到局部区域时非常有效。

对于局部模型,采用了类似的方法,但是区域二维模型边界条件转换为在水体上的均匀分布的三维速度分量。

6.1.5 模型校准

1)二维海湾范围模型

Halcrow-CH2M 经过几年的使用后,可知二维海湾范围模型是可校准的。它一直适用于对海湾区域流量和环流进行的所有模拟调查。校准参数使用曼宁参数 M 以 $60\,\mathrm{m}^{1/3}/\mathrm{s}$ 的值表示底部阻力。

在相对较深的水域中位于距项目现场最远的 CT5 位置(图 6-10)处的测量值和模拟值的比较,显示了海湾范围模型模拟与该位置处可用的相对较短数据集的比较。

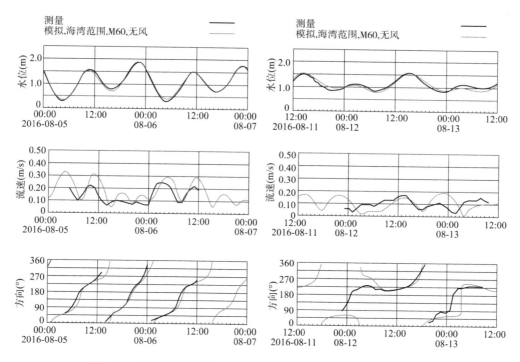

图 6-10　CT5 测量和模拟的水位和水流的比较(左侧为涨潮,右侧为落潮)

图 6-10 显示,涨潮和落潮期间两个 31～35h 的水位在海湾范围模型中得到很

好体现。深度平均流速大小非常低,小于35cm/s。众所周知,低流量难以用数值模型来模拟,但与数据区相比,模拟效果相当好,在两个潮汐周期中,相位和量值都相对较好。

2)二维区域模型

对海湾范围模型和区域模型中的近岸潮汐站(WL1)进行为期一个月的潮汐值测量,并对测量值进行了比较。图6-11 显示了在整个测量周期内,相位和潮差范围内的测量值和建模潮汐水平之间存在非常好的相关性。该图还显示出区域模型很好地再现了海湾范围模型中观察到的潮汐变化。

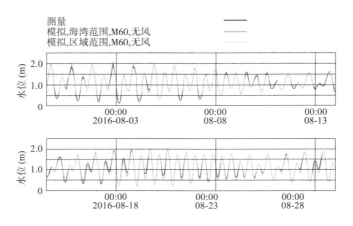

图6-11　WL1 的实测水位和(全湾和区域)模拟水位比较

区域模型使用一系列底部粗糙度值($M = 60\text{m}^{1/3}/\text{s}$、$45\text{m}^{1/3}/\text{s}$ 和 $32\text{m}^{1/3}/\text{s}$)来进行校准。对于 1 个月的长时间比较,使用 $M = 60\text{m}^{1/3}/\text{s}$ 时的 WL1 的测量值和模拟水位值之间比较出的数据结果是最好的。这些数据结果包括可接受的均方根误差(RMSE)为 0.09m(平均潮差范围的 10%,平均涨潮范围 1.3m,平均落潮范围 0.5m),并且相关系数(决定系数的平方根)达到了 0.98。

区域模型结果与位于靠近项目地点的其余测量站 CT1、CT2、CT3 和位于杰贝阿里和朱美拉之间的 CT4 之间的测量值进行了类似比较。同时 M1 测量的风场也被统一应用于整个区域模型中。风场的应用并没有明显改变潮汐水位和潮流结果。

图6-12 ～图 6-15 显示了水位和水流测量结果和模型模拟结果。在所有这些情况下,实测的水位和流速得到了合理的再现,并且还考虑了通常难以比较的流速较低情况。

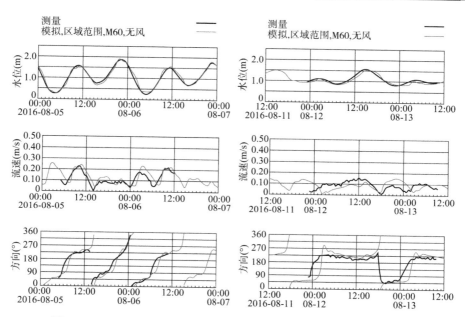

图 6-12　CT1 测量和(区域)模拟水位和水流的比较(左侧为涨潮,右侧为落潮)

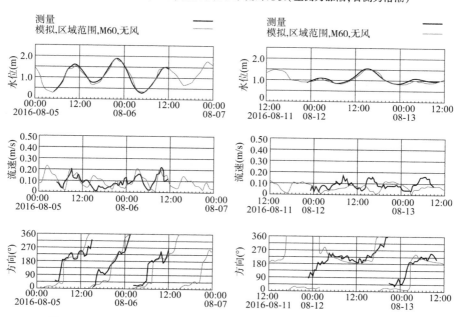

图 6-13　CT2 测量和(区域)模拟水位和水流的比较(左侧为涨潮,右侧为落潮)

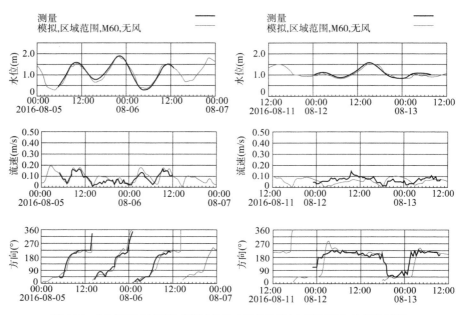

图6-14　CT3 测量和（区域）模拟水位和水流的比较（左侧为涨潮，右侧为落潮）

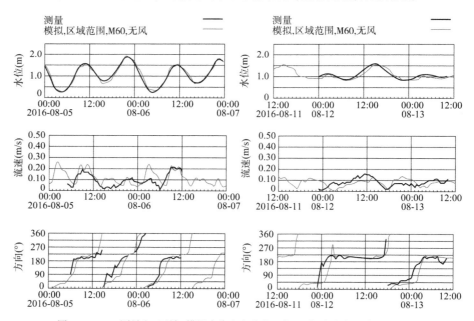

图6-15　CT4 测量和（区域）模拟水位和水流的比较（左侧为涨潮，右侧为落潮）

3）三维局部模型

三维局部模型校准：对竖向水柱的三个层次（表层、平均深度、底层）进行比较，以评估该模型是否再现了三维流动特征。

MIKE3 的 FM 模型中的底部粗糙度与 MIKE21 中的二维模型中的底部粗糙度不同。因此，局部模型使用改变粗糙度的值（从默认值开始）来进行校准。值为0.10m时，模型结果与 CT2 测量值最匹配，同时在某些情况下速度和方向的峰值被略微高估。

WL1 的实测值与局部模拟水位的比较如图 6-16 所示。同时，模型略微高估了涨潮期间的水位峰值，低估了落潮期间的水位峰值。但是，水位相模拟非常好，表明区域模型和局部模型之间的边界条件可以顺利衔接。

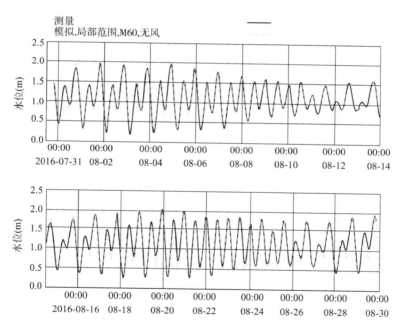

图 6-16　WL1 的实测值和局部模拟水位的比较

图 6-17～图 6-22 显示了两个潮汐阶段 CT2 和 CT3 在三个高程处的当前速度和方向。总体而言，尽管现场水流的流速不大，三维局部模型还是很好再现了三维水流的特征，即在潮流两个阶段的总趋势。因此，认为局部模型已经过校准并适用于操作运行。

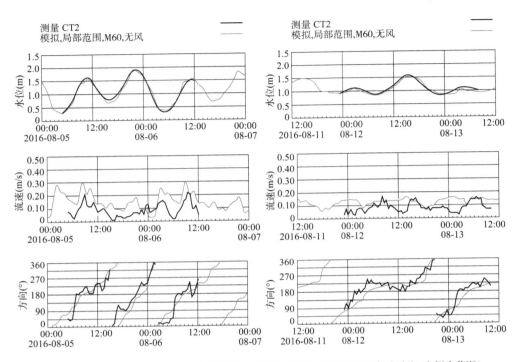

图 6-17　CT2 平均水深的流速和流向测量值和（局部）模型水位的比较（左侧为涨潮，右侧为落潮）

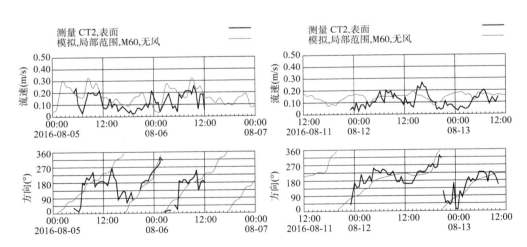

图 6-18　CT2 表面的流速和流向测量值和（局部）模型表面的比较（左侧为涨潮，右侧为落潮）

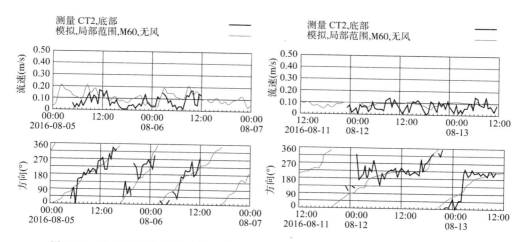

图 6-19　CT2 底部的流速和流向测量值和(局部)模型底部的比较(左侧为涨潮,右侧为落潮)

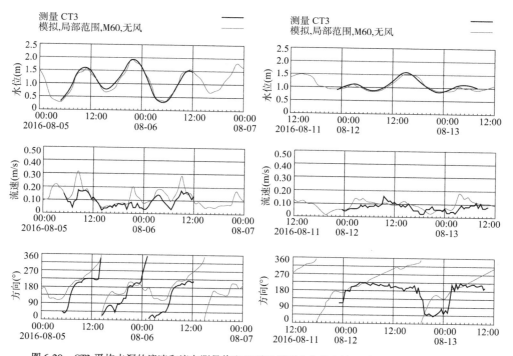

图 6-20　CT3 平均水深的流速和流向测量值和(局部)模型水位的比较(左侧为涨潮,右侧为落潮)

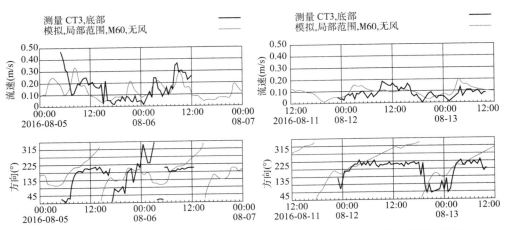

图 6-21 CT3 表面的流速和流向测量值和（局部）模型表面的比较（左侧为涨潮，右侧为落潮）

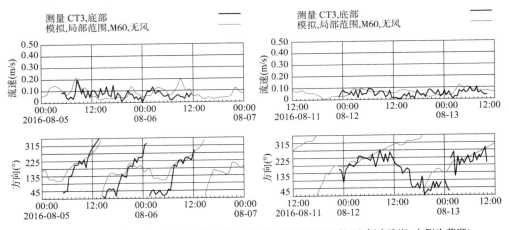

图 6-22 在 CT3 底部的流速和流向测量值和（局部）模型底部的比较（左侧为涨潮，右侧为落潮）

6.1.6 模型参数

表 6-1 中显示了最终的校准模型水流参数，这些参数在测量数据和模型模拟值之间是最匹配的。

模 型 水 流 参 数   表 6-1

大范围模型参数	简　　称	数　　值
底摩擦	M	$60 \text{m}^{1/3}/\text{s}$
解决方案技术（平流）	—	高阶
涡黏	EV	Smagorinsky 系数 = 0.28

126

续上表

大范围模型参数	简 称	数 值
区域模型参数	—	
底摩擦	M	$60\text{m}^{1/3}/\text{s}$
解决方案技术(平流)		高阶
涡黏	EV	Smagorinsky 系数 = 0.28
局部模型参数	—	—
粗糙高度	rh	0.10m
垂直分层		7
解决方案技术(平流)		高阶
水平涡黏	EV_H	Smagorinsky 系数 = 0.28
垂向涡黏	EV_V	Log-law 公式

6.1.7 泥沙参数

沉沙池排污口及其疏浚相关参数具有特殊性,下面将逐一加以介绍。

值得注意的是,在多潮期一直测量出 CT1 ~ CT5 的 TSS 最大值约为 1mg/L。因此,在数值模拟中,没有使用 TSS 的值。

1)排污口沉积物参数

利用绞吸式挖泥船(CSD)的管道泵将沉积物送至填海区,而多余的水和细颗粒沉积物进入沉淀池。当高浓度的水流通过沉淀池时,额外的沉淀物沉淀出来,留下低浓度的沉淀物,通过堰箱溢出,通过排污管排放到近岸区域。在局域模型中,出口用点源表示。为了模拟这些细颗粒沉积物从排放口源头的迁移和扩散,该模型需要以下资料:

(1)管道的容积流量;

(2)管道产生的细小沉积物颗粒尺寸;

(3)管道中细小沉积物的浓度。

目前,沉淀池排污口设计采用表 6-2 中所示的参数值。请注意,模型可以是复杂的配置,如非均匀流等。然而,在现阶段并不需要这一复杂程度。

沉淀池排污口沉积物特性 表6-2

沉淀池排污口沉积物特性	数 值
容积流率	$3600\text{m}^3/\text{h}$
沉积物粒度	$75\mu\text{m}$
含沙量	300mg/L

2)泥沙疏浚参数

该项目的总疏浚量预计约为 2000000m^3。

Per Gulf Cobla 公司的绞吸式挖泥船 Khaleej Bay（CSD）的细泥沙泄漏率约为
0.65kg/s（图 6-23、表 6-3）。Khaleej Bay 拥有 2150 马力①的切割机驱动器，可以处
理中等岩石和砂岩。但是，作为模型的输入，泄漏率与工作效率（用百分比表示）
相关（表 6-4）。

图 6-23　Khaleej Bay 绞吸式挖泥船

Khaleej Bay 绞吸式挖泥船的特点　　　　　表 6-3

参数	全长	光线	深度模塑	气流	疏浚深度	船内疏浚泵
数值	60.80m	14.00m	3.75m	2.20m	−18.0m	2850 马力

参数	潜水泵	切割机	安装总数	吸收	排放	
数值	1360 马力	1250 马力	7000 马力	650mm	650mm	

疏浚相关的建模参数　　　　　表 6-4

生产率①	640m³/h
工作时间	17h/d
溢出率②	0.22%（基础 0.65kg/s）
干密度③	1640kg/m³

注：①平均范围 400~880m³/h。

　　②占工作效率的百分比。

　　③根据钻孔数据测得的干密度的平均值。

_____

①　1 马力 = 735.499W。

根据 CIRIA(2000),Khaleej Bay 泄漏率为 0.65 kg/s,符合 CSD 的典型范围。

绞吸式挖泥船工作效率范围为 400 ~ 880m³/h(即考虑 17h/周,为 47600 ~ 104720m³/周)。每天工作 17h,停机 7h。考虑到恶劣天气,每月平均工作日数为 22d。

(1)泥沙疏浚特性

表6-5 概述了海床特性。百分含量是根据进水口和出水口挖泥沟的管道数据得出的平均值。

第1阶段疏浚方案中的海床特性 表 6-5

分　类	百分含量(%)	中值粒径(mm)
碎石	19.57	5.94
砂石	71.68	0.18
粉砂	8.32	0.033
细粉砂	0.43	0.002
合计	100	—

模型中直接使用了表 6-5 中的数据。然而,还需要进一步解释泄漏率和泄漏的粒径是如何分布的。

CIRIA(2000)所列的泄漏率及其范围的警告措辞强烈。关于 CIRIA 第 48 页,注意到在对于泄漏沉积物的性质,特别是关于绞吸式挖泥船的疏浚作业方面,没有一贯采用实验室或实地测量的办法,部分原因是在操作处附近进行测量存在危险。

在经过仔细检查(参考)得出的结论,引用的泄漏率偏向于较细等级的淤泥和黏土。因此,局部模式中规定的溢出量和由此产生的沉积物羽流也偏向于较细的沉积物。请注意,这些沉积物约占疏浚内沉积物总量的 9%,因此,在 0.65kg/s 的泄漏率中,允许泄漏沉积物的 100% 为细粒很可能是非常保守的。

(2)疏浚进度和疏浚量

通过第一阶段的挖泥工作路线延伸到图 6-24 所示的第 1、2、3、5、6 阶段。图中显示了大致的工程量和施工进度,因此第 1 阶段包括约 74.1 万 m³ 的疏浚工程,时间为 2017 年 9 月 1 日至 2018 年 3 月 26 日。额外的小规模挖掘将在东、西护岸安置脚趾(冲刷)保护时进行。

在疏浚作业的地区,挖泥船将沿着图 6-24 所示的阶段时间表中显示的路线进行,并且沿着第一阶段边界内的路线走。为了在模型中应用,图 6-25 显示了所检查的疏浚通道。有 3 条通道对应流出和进入通道(排水沟和进水沟)。需要注意,这些通道都在第一阶段淤泥层边界内。对于这部分研究,只进行对敏感区域影响最大的疏浚,即最接近拦污帘边界的管道沟疏浚。

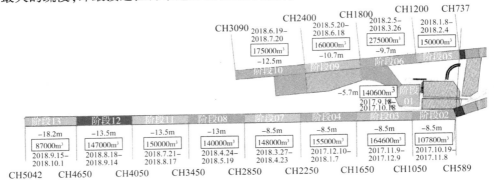

图 6-24　疏浚进度和疏浚量

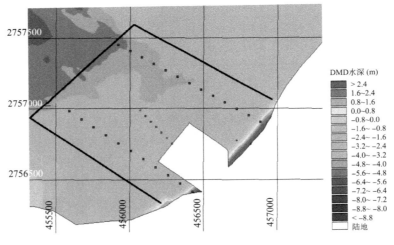

图 6-25　疏浚通道

3)拦污帘参数

拦污帘的网格间距约为 0.042mm,允许较小的颗粒通过。

第一阶段时,A 型拦污帘(6m 吃水)将被修改缩短,以便在退潮时从拦污帘底部到海床至少有 30~50cm 的空间。因此,在初始运行期间的模型中,使用了 0.4m 的净空距离。

不过,有一点需要了解,在打算将拦污帘布设在 MLLW 约 0.2m 处时,海床和拦污帘底部之间有一个空隙,而在 MHHW 则为 1.5m 时,会有空隙。第一阶段拦污帘布设的水深(DMD)为 -5~-2m。

初步测试了几种拦污帘结构,并且对每个剖面的多个开口进行测试,以便更好地跟踪起伏的海床及整个水体的控制因子。拦污帘均匀地布置在由两个端点定义的网格单元的直线部分。采用闸门结构的拦污帘由一个具有不同控制因素的控制列组成。

第一阶段的拦污帘有三段(渗透系数:NE 向,0.06;离岸向,0.04;SW 向, 0.06),其设置使用 0.4m 比例的一半(拦污帘底与海床之间的设计间隙)和平均水深。选择这些值是为了表示通过这三段中的每一段的悬浮泥沙(和水)的质量大致相同。它们大约有 4% ~6% 的沉积物遇到拦污帘会通过。显然,这个数值是非常保守的估计值,相信这些数值所表示的悬浮泥沙流经第一阶段边界时的通过程度远比拦污帘在实际使用时通过的沉积物量值的程度高。

需要注意的是,可以通过试验和计算误差来改进控制因子的值,方法是改变渗透系数和记录通过拦污帘模型网格的流量 Q,然后进行回归分析。但是,使用的值应该是最佳估计和较为保守的值。

6.1.8　模型方案

1)目的

在通过校准和灵敏度测试建立好模型之后,对模型方案进行了检查。用以下设想的方案重点来说明不同来源的细颗粒沉积物如何单独影响敏感的沉积处,并说明在海洋建筑工作期间各种来源组合如何影响敏感的沉积处。此外,该方案将展示如何有效降低泥沙对邻近敏感场所的影响。

2)方案

表 6-6 列出了初始方案。因为疏浚工作将在填海区堤岸到位和防波堤完工之前进行,所以只审查了方案中的 B4、B5、B6、SC4、SC5、SC6。

初 始 方 案　　　　　　　　　　表 6-6

方案	有护岸和防波堤	有护岸和W/O防波堤	带有沉淀池排水口	无沉淀池排水口	疏　浚	无　疏　浚	排水口和疏浚组合
B1	X		X			X	
B2	X			X	X		
B3	X						X
B4		X	X			X	
B5		X		X	X		
B6		X					X
SC1	X			X		X	

续上表

方案	有护岸 和防波堤	有护岸 和W/O防波堤	带有沉淀池 排水口	无沉淀池 排水口	疏　　浚	无　疏　浚	排水口 和疏浚组合
SC2	X			X	X		
SC3	X						X
SC4		X	X			X	
SC5		X		X	X		
SC6		X					X

注:1. 基准方案 B1~B6 是在没有第一阶段拦污帘的情况下运行的。

2. 拦污帘方案 SC1~SC6 与基线方案相似,但安装了第一阶段拦污帘。

3. X 代表考虑了该因素。

3）方案顺序

因为时间有限,所以对方案的顺序进行了调整,以模拟遵循施工进度表的最关键方案。因此,重点调整只有护岸没有防波堤的方案。

所调整的方案如下:

（1）B4-护岸（无防波堤）,带沉沙池排污口,无疏浚。

（2）B5-护岸（无防波堤）,没有沉沙池排污口,有疏浚。

（3）B6-护岸（无防波堤）,带沉沙池排污口和疏浚。

（4）SC4-护岸（无防波堤）,带沉沙池排污口,不用疏浚,有拦污帘。

（5）SC5-护岸（无防波堤）,没有沉沙池排污口,有疏浚,有拦污帘。

（6）SC6-护岸（无防波堤）,带沉沙池排污口,有疏浚,有拦污帘。

4）方案结果介绍

模型方案结果用表层和底层（最靠近海底）的二维面积 TSS 图表示。这些图显示了在运行期间的 TSS 最大值。这些区域在经过 2 个月的模拟后,出现最大的 TSS 值。一般来说,在第一阶段边界内的疏浚通道需要 2 个月才能完成,例如,沿着进水口疏浚通道的第五阶段和第六阶段。

此外,还提供了时间序列图,显示敏感地点的地表和底部的最大 TSS 值以及水质监测点的位置。

6.1.9　模型方案结果

1）基本方案

（1）B4-护岸（无防波堤）,带沉沙池排污口,无疏浚（图 6-26）。

虽然排污口水流中 TSS 为 300mg/L,但其结果与 TSS 为 1000mg/L 时结果类似。排放口羽流的程度非常小,并且在排放口沉积物观测点 SO1 没有发现羽流。

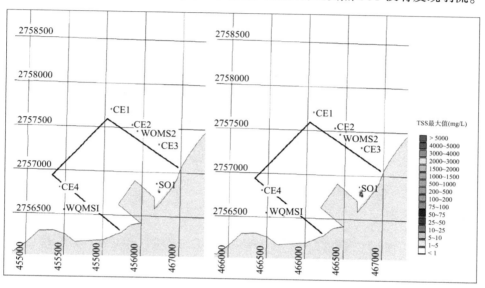

图 6-26 从沉沙池排污口排出的沉积物羽流的最大范围(2 个月)区域图(左边表层,右边底层)

(2)B5-护岸(无防波堤),没有沉沙池排污口,有疏浚(图 6-27、图 6-28)。

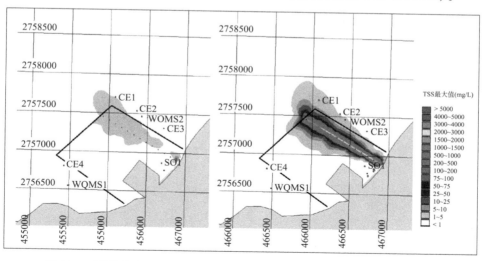

图 6-27 疏浚排出沟槽沉积物羽流的最大面积(2 个月)区域图(左边表层,右边底层)

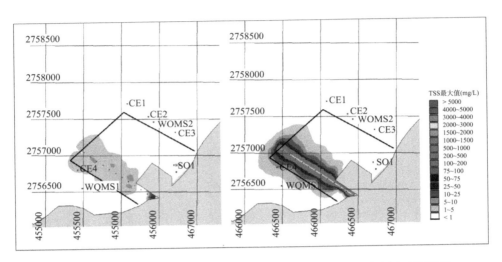

图 6-28　疏浚进水沟槽的沉积物羽流的最大面积(2 个月)区域图(左边表层,右边底层)

　　这种方案假设沿挖泥线进行 2 个月的工作。需要说明的是,在第一个月,挖泥船只沿疏浚线行驶了一半的距离。

　　(3)B6-护岸(无防波堤),带沉沙池排污口和疏浚(图 6-29、图 6-30)。

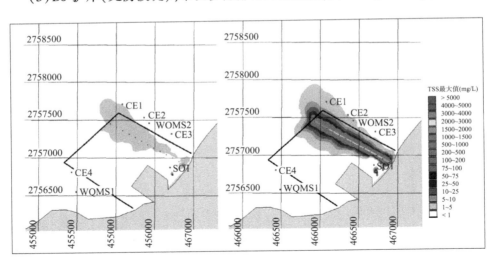

图 6-29　沉沙池排污口和疏浚排出沟槽(表层沉积物)的沉积物羽流最大面积(2 个月)区域图(左边表层,右边底层)

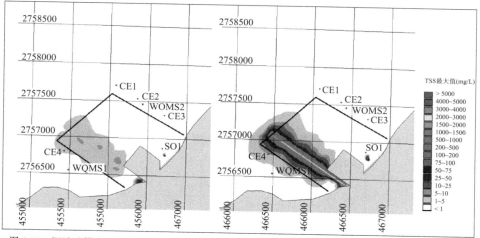

图6-30 沉沙池排水口和疏浚进水沟槽(表层沉积物)沉积物羽流的最大范围(2个月)区域图(左边表层,右边底层)

在 SO1 处所记录的 TSS 是由于疏浚引起的(图6-31~图6-34)。

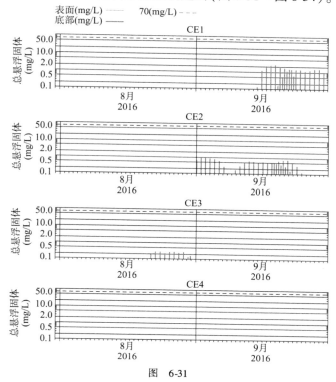

图 6-31

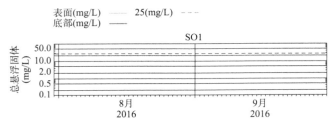

图 6-31　TSS 在排污沟槽的敏感地点的表面和底部的随时间序列变化图

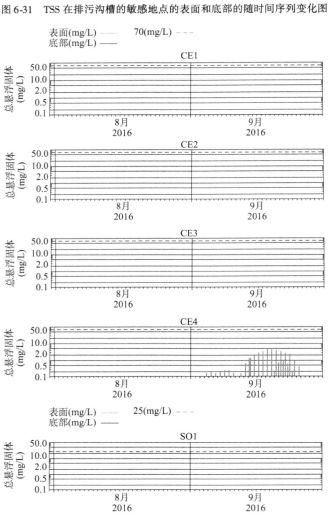

图 6-32　TSS 在进水沟槽的敏感地点的表面和底部的随时间序列变化图

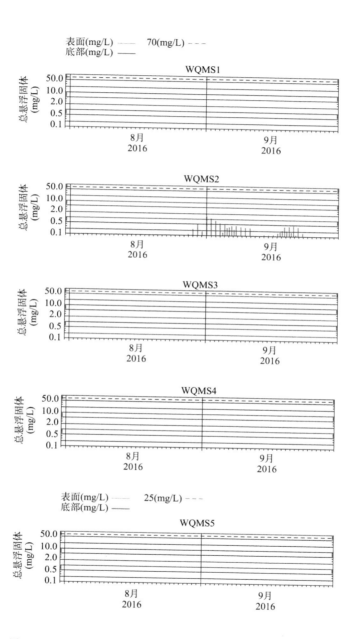

图6-33 TSS在排污沟槽水质监测站的地表和底部的随时间序列变化图

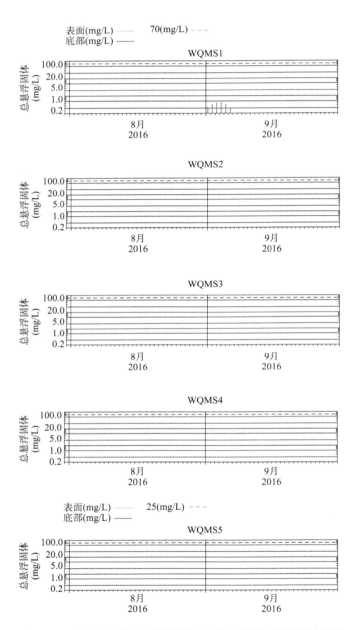

图6-34 TSS 在进水沟槽水质监测站的地表和底部的随时间序列变化图

2)拦污帘方案

（1）SC4-护岸（无防波堤），带沉沙池排污口，不用疏浚，有拦污帘（图 6-35）。

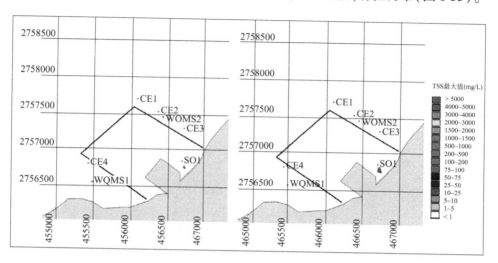

图 6-35　从排水口排出的沉积物羽流的最大范围（2 个月）区域图（左边表层，右边底层）

（2）SC5-护岸（无防波堤），没有沉沙池排污口，有疏浚，有拦污帘（图 6-36、图 6-37）。

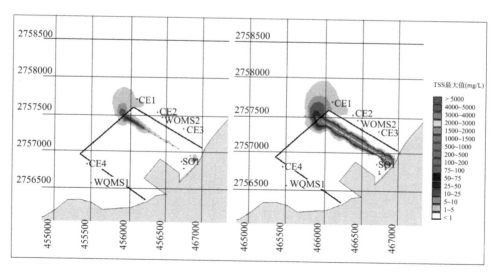

图 6-36　疏浚排出沟槽沉积物羽流的最大面积（2 个月）区域图（左边表层，右边底层）

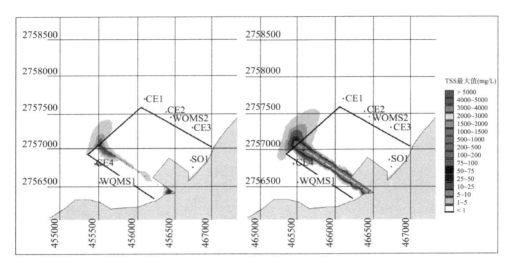

图 6-37　疏浚进入沟槽的沉积物羽流的最大范围（2 个月）区域图（左边表层,右边底层）

（3）SC6-护岸（无防波堤），带沉沙池排污口,有疏浚,有拦污帘（图 6-38、图 6-39）。

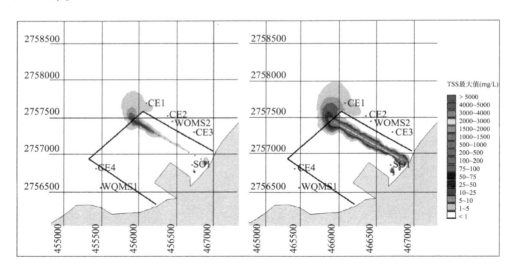

图 6-38　排水口和疏浚排出沟槽的沉积物（表面沉积物）羽流的最大范围（2 个月）区域图（左边表层,右边底层）

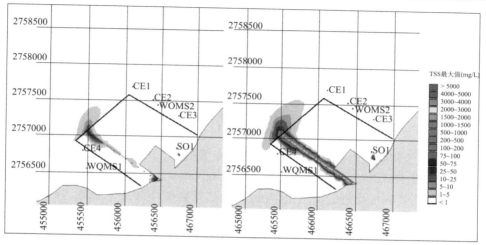

图 6-39 排水口和疏浚进水沟槽的沉积物(表面沉积物)羽流的最大范围(2 个月)区域图(左边表层,右边底层)

6.1.10 结论

本节介绍了从沉沙池排水口排出的沉积物的运输和去向模拟,以及项目海水进水口和热水排水口的疏浚作业。

制定了模拟沉积物单个来源和组合来源的方案,并研究了减缓方案,即使用多个拦污帘。TSS 浓度展示了近海表面和近底表面的情况,并且面积代表了最大的 TSS 浓度。没有模拟第一阶段疏浚的所有区域,但是,对沿着排水口和疏浚进水沟槽的最严重情况进行研究。

模拟结果表明,流出量和来自沉沙池的 TSS 浓度产生的沉积物羽流现象非常小。由于 $1m^3/s(3600m^3/h)$ 的稳定流出量很小,因为沉积物从悬浮中脱落并迅速分散到浓度非常低的水体里,所以羽流延伸的面积非常小。

疏浚方案主要是沿海水进水沟槽和热水排水沟槽的疏浚通道进行为期 2 个月的疏浚。这些最坏情况的方案发生在第一阶段拦污帘附近,使用为期 2 个月的实际水流条件,以及从地理信息数据中获得直至挖掘深度的实际海底沉积物特征。此外,绞吸式挖泥船提供的实际泄漏率意味着可以精确模拟沉积物羽流,并且发现大部分羽流在疏浚道附近。

由于第 1 阶段区域内存在中等潮流,敏感点区域和水质自动监测系统的时间序列图显示,对于有或者没有拦污帘的所有方案和所有地点的 TSS 浓度都保持在 5mg/L 以下。

拦污帘有助于防止沉积物羽流的扩散,但有些羽流往往会从近海段拦污帘流出,特别是当挖泥船到达疏浚航道的近海时。需要注意的是,由于没有拦污帘的模拟,羽流(TSS 可达 25mg/L)的北面向北延伸得更远。在这些情况下,沿近海边缘拦污帘的存在可能具有比较多的控制因素。

6.2 沉沙池布置技术

本节以迪拜哈翔电厂为例,介绍沉沙池布置技术。根据迪拜政府对环保的要求,吹填区排水口泥沙悬浮物浓度应小于 0.3g/m³。为了降低排水口的泥沙悬浮物浓度,利用工程区附近的潟湖作为沉沙池,进而能够增加排水流径,降低排水口的悬浮物浓度。工程布置方案共有两个,即方案 A 堰箱方案和方案 B 溢流坝方案,分别如图 6-40 和图 6-41 所示。两个方案的吹填区的布置相同,围堰坝顶高程 +5.5m,出流口采用堰箱形式,堰顶高程 +5m。方案 A 将沉沙池分为沉沙池 1 和沉沙池 2 两部分,中间为坝顶高程 +5.5m 的围堰,通过堰顶高程 +4.5m 的堰箱连通。在沉沙池 1 和沉沙池 2 中,分别设置一道不透水丁坝,进一步增加排水流径。沉沙池排水口采用堰箱与钢管连接的形式,堰顶高程可调,最高 +4.5m。方案 B 将沉沙池分为沉沙池 1、沉沙池 2 和沉沙池 3 三部分,中间分别设置顶高程为 +4.5m 和 +4m 的溢流堰。沉沙池排水口形式与方案 A 一致,堰顶高程最高为 +3.0m。

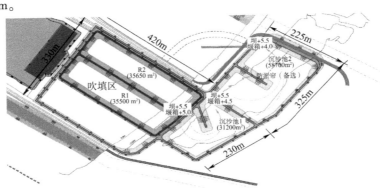

图 6-40　方案 A——堰箱方案(高程单位:m)

为对比不同方案的沉沙效果,设置了如表 6-7 所示的模拟工况,具体包括吹填区和沉沙池均为自然水深的初始工况,以及吹填区吹填至 +4m 时的不利工况,同时改变沉沙池底高程,模拟随时吹填的进行,沉沙池发生淤积底高程增加至 0m 和 +1m 的工况。

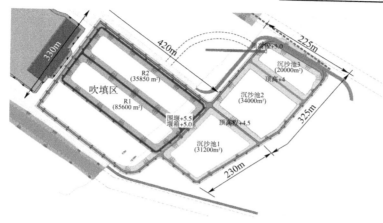

图 6-41　方案 B——溢流坝方案(高程单位:m)

对 比 模 拟 工 程　　　　　　　　表 6-7

模拟工况	方　案	吹填区底高程 (m)	沉沙池底高程 (m)	排水口高程 (m)
A-1	A	−2.0	0	+4.0
A-2	A	+4.0	0	+4.0
A-3	A	+4.0	0	+2.0
A-4	A	+4.0	+1.0	+3.0
B-1	B	−2.0	0	+3.0
B-2	B	+4.0	0	+3.0
B-3	B	+4.0	0	+2.0
B-4	B	+4.0	+1.0	+3.0

6.2.1　方法

采用 MIKE21 的水动力模块(HD)和泥沙输运模块(MT),对悬浮物在吹填区和沉沙池的运移过程进行了模拟。

1)水动力学模块(HD)

水动力学模块的控制方程主要包括一个连续方程和两个动量方程,具体如下。

连续方程:

$$\frac{\partial}{\partial \xi} + \frac{\partial p}{\partial x} + \frac{\partial q}{\partial y} = 0 \tag{6-1}$$

x 方向动量方程:

$$\frac{\partial p}{\partial t} + \frac{\partial}{\partial x}\left(\frac{p^2}{h}\right) + \frac{\partial}{\partial y}\left(\frac{pq}{h}\right) + gh\frac{\partial \zeta}{\partial x} - \Omega p - fV_x + gp\frac{\sqrt{p^2 + q^2}}{C^2 h^2} = 0 \tag{6-2}$$

y 方向动量方程：

$$\frac{\partial p}{\partial t} + \frac{\partial}{\partial x}\left(\frac{pq}{h}\right) + \frac{\partial}{\partial y}\left(\frac{q^2}{h}\right) + gh\frac{\partial \zeta}{\partial y} - \Omega q - fV_y + gq\frac{\sqrt{p^2 + q^2}}{C^2 h^2} = 0 \qquad (6\text{-}3)$$

式中：ζ——潮位，即水面到某一基准面的距离（m）；

$\quad\quad h$——水深（m）；

$\quad\quad p$、q——x、y 方向上的垂线平均流量分量 $[\text{m}^3/(\text{s}\cdot\text{m})]$；

$\quad\quad g$——重力加速度（m/s²）；

$\quad\quad \Omega$——柯氏力参数 $\Omega = 2\omega\sin\psi_\omega$；

$\quad\quad \psi$——模拟区域所处纬度；

$\quad\quad C$——谢才系数（$\text{m}^{1/2}/\text{s}$）；

$\quad\quad f$——风摩擦因子 $= \gamma_{\alpha 2}\rho_\alpha$；

$\quad\quad \gamma_{\alpha 2}$——风应力系数；

$\quad\quad \rho_\alpha$——空气密度；

$\quad\quad V_x$、V_y——风速及 x、y 方向的风速分量（m/s）；

$\quad\quad x$、y——直角坐标（m）；

$\quad\quad t$——时间（s）。

2）泥沙输运模块（MT）

平面二维悬沙输移扩散方程：

$$\frac{\partial ds}{\partial t} + \frac{\partial dus}{\partial x} + \frac{\partial dvs}{\partial y} + F_s = \frac{\partial}{\partial x}\left(D_x d\frac{\partial s}{\partial x}\right) + \frac{\partial}{\partial v}\left(D_y d\frac{\partial s}{\partial y}\right) \qquad (6\text{-}4)$$

悬沙运动造成的海床冲淤方程：

$$\gamma_c\frac{\partial d}{\partial t} = f_s \qquad (6\text{-}5)$$

上述式中：u、v——x、y 方向上的平均水深流速（m/s）；

$\quad\quad\quad d$——水深；

$\quad\quad\quad D_x$、D_y——x、y 向悬沙扩散系数；

$\quad\quad\quad \gamma_c$——底部泥沙的干重度；

$\quad\quad\quad F_s$——海底泥沙冲淤函数 $F_s = \alpha\omega_s(s - s^*)$；

$\quad\quad\quad s$——垂向平均含沙量；

$\quad\quad\quad f_s$——泥沙源、汇部分，包括水面抛入泥沙形成的悬浮泥沙和海底被冲刷再悬浮部分以及沉降到海底的部分。

3）模型计算参数

数值模型中使用的模型参数如表 6-8 所示，未列出的参数均采用默认值。

模 型 参 数 表 6-8

参 数	符 号	数 值
底摩阻	M	$60m^{1/3}/s$
迭代方法	—	高阶
涡黏性系数	EV	0.28
风应力系数	WSC	无风
吹填流量	DFR	$4000m^3/h$
吹填速度	RMV	$5000m^3/d$
吹填口含沙量	CS	$123.5kg/m^3$

泥沙中值粒径及组分根据现场底质调查和钻孔资料获得。从经验可知,泥沙粒径越细,越不易沉积,对应的排水口悬浮物浓度越高,因此,为使计算结果更为保守,取较细的底质作为输入参数,中值粒径取 0.15mm,泥沙不同的组分含量如表 6-9 所示。

泥 沙 组 分 含 量 表 6-9

组 分	粒径(mm)	沉速(m/s)	含量(%)
1	0.075	0.0034	12.5
2	0.113	0.0074	33.9
3	0.181	0.0177	23.9
4	0.256	0.0308	17.5
5	0.363	0.0487	12.2

6.2.2 结果与讨论

不同方案计算结果均在模拟 7d 后达到收敛。不同方案的不同工况悬浮泥沙浓度分布如图 6-42 和图 6-43 所示。从图中可知,当吹填区处于自然水深时,由于水深较大、断面平均流速较小,有利于泥沙的沉积,因此大部分泥沙在吹填区发生落淤,从吹填区出水口流出的水体含沙量浓度较低,且随着距离的增加,水体悬浮物浓度逐渐降低。

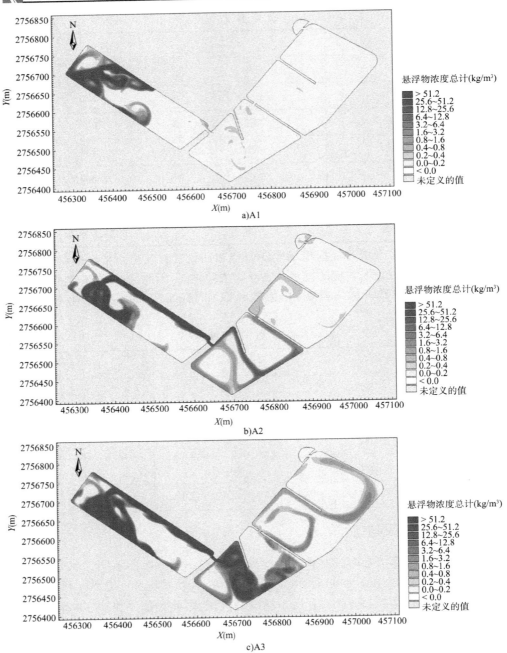

a)A1

b)A2

c)A3

图　6-42

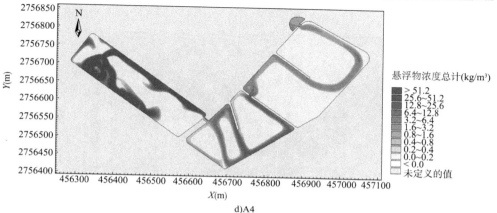

d)A4

图6-42 不同工况悬浮泥沙分布:方案A(单位:kg/m³)

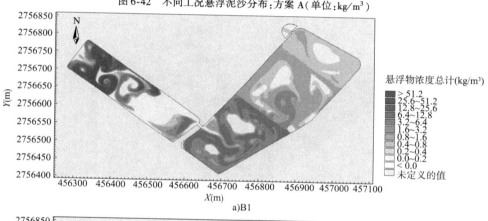

a)B1

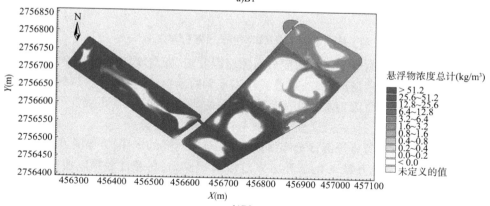

b)B2

图 6-43

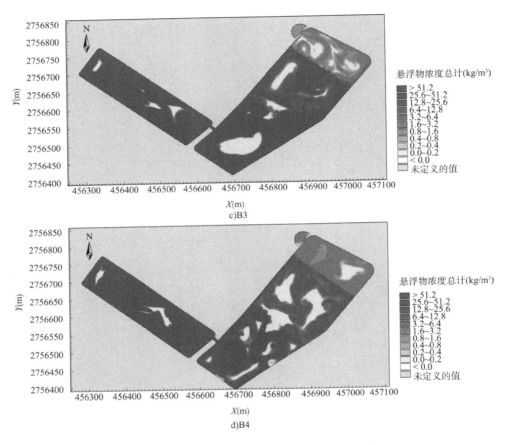

图 6-43　不同工况悬浮泥沙分布:方案 B(单位:kg/m³)

　　对比不同工况的悬浮泥沙浓度分布图可以发现,随着吹填区水深的减小,从出水口流出的水体含沙量增加,而随着沉沙池水深的减小,沉沙池排水口的悬浮物浓度也会增加。主要原因为水深变浅后,断面平均流速增加,一方面减少了泥沙在沉沙池中的停留时间,另一方面,流速增加不利于泥沙的落淤。

　　对比不同方案的悬浮泥沙分布可以发现,对于同样的水深,方案 A 要明显优于方案 B,主要原因是方案 A 的堰箱方案过流面积较小,在经过堰箱以前,含沙水体能够更长时间在沉沙池中停留,且丁坝明显增加了水力流径,更利于泥沙的落淤。而方案 B 虽然有更多分割,但溢流坝相对于堰箱过流面积较大,断面平均流速大,泥沙更容易在水流挟裹下向下游运动。

吹填区出水口 T1 和沉沙池排水口 T2 的泥沙悬浮物浓度如图 6-44 所示。可以发现,各方案的 T2 平均值为 0.45kg/m^3,要远小于 T1 处平均值 9.2kg/m^3,可见设置沉沙池能够有效减少排入外海的吹填悬浮泥沙,保护当地的海洋生态环境。从图 6-44 中还可知,初始地形时,方案 A 和方案 B 在排水口处的悬浮物浓度都比较小,分别为 0.1kg/m^3 和 0.26kg/m^3,均满足不大于 0.3kg/m^3 的限制条件。但随着吹填区底高程的增加,沉沙池的排水口浓度也逐渐增加,不考虑沉沙池本身的淤积,当考虑吹填区吹填至 +4m 高程时,方案 A 工况 2 和工况 3 的 T2 值分别为 0.15kg/m^3 和 0.3kg/m^3,仍能满足要求,而方案 B 工况 2 和工况 3 的 T2 值分别为 0.5kg/m^3 和 0.72kg/m^3,不再满足要求。对比工况 3 和工况 4 可知,当沉沙池发生淤积时,此时 T2 值也会有所增加,A4 和 B4 工况的悬浮泥沙浓度分别增加至 0.5kg/m^3、1.1kg/m^3。因此,为保证一定的水深,在吹填过程中应注意对沉沙池底高程的监测和维护。

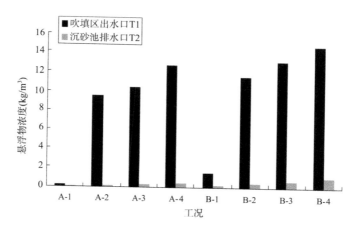

图 6-44 不同工况下吹填区出水口和沉沙池排水口处的悬浮泥沙浓度

图 6-45 和图 6-46 分别给出了方案 A1 和 A3 不同粒径组分的排水口悬浮泥沙浓度过程线。可以发现,排水口处的粗颗粒泥沙基本都在吹填区和沉沙池内发生了落淤。在方案 A1 中,排水口处的泥沙悬浮物 90% 以上均为粒径小于 0.075mm 的细颗粒;对于 A3 方案,吹填区底高程增加,有一定的粗颗粒流至排水口,但仍以粒径小于 0.113mm 的为主,各粒径组分(从小到大)的占比分别为 72%、19%、7%、1% 和 1%。因此,在进行外海泥沙悬浮物扩散模拟时,泥沙粒径级配应按上述组分进行取值。

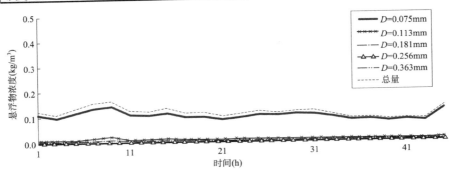

图 6-45　方案 A1 排水口不同粒径组分的排水口悬浮物浓度过程线

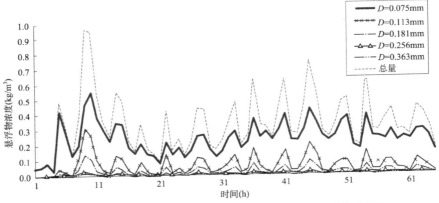

图 6-46　方案 A3 排水口不同粒径组分的排水口泥沙悬浮物浓度过程线

6.2.3　结论

本节采用 MIKE21 中的 HD 模块和 MT 模块,对迪拜迪拜哈翔电厂码头中疏浚物在吹填区和沉沙池中的运移规律进行了模拟研究,对比不同沉沙池布置方案下不同施工工况的泥沙悬浮物浓度分布及排水口泥沙悬浮物浓度值,研究结果表明:采用堰箱的方案 A 要优于采用溢流坝的方案 B,且能够满足环保要求;为保证一定的水深,在吹填过程中应注意对沉沙池底高程的监测和维护;排水口处的粗颗粒泥沙基本都在吹填区和沉沙池内发生了落淤,排水口处的泥沙悬浮物 70% 以上均为粒径小于 0.075mm 的细颗粒。

6.3　拦污帘效果评估与合理的布设技术

本试验基于物理模型试验,研究拦沙帘横向渗透系数及在不同潮位时的截沙率,分析不同因素对拦沙帘截沙率的影响,为哈翔电厂的三维泥沙输移扩散数学模型中给定拦沙帘处边界条件的提供数据支持。

6.3.1 方法

试验选取与水槽等宽的拦沙帘固定在水槽一端,拦沙帘底部设置不同宽度的逸沙空隙,以模拟不同水位时拦沙帘底部与沉沙池底部的距离。拦沙帘上游 3m 区域内为模型沙加沙区。下游距拦沙帘 10m 设置一流速测量仪,用于测定水槽内流速情况。对水槽底部光滑玻璃表面增加粗糙度,尽可能与沉沙池内天然海床情况一致。水槽模型布置见图 6-47,模型实体照片见图 6-48。

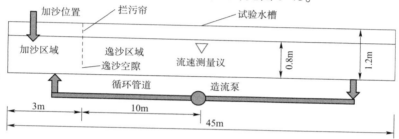

图 6-47　水槽模型布置

图 6-48　模型实体照片

本次试验中使用的拦沙帘,与工程现场沉沙池内拟采用拦沙帘相同,如图 6-49 所示,主要由缆绳、漂浮筒、拦沙网衣和均衡重锤组成。拦沙帘物理特征参数见表 6-10。

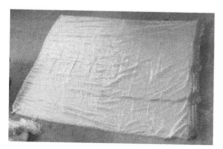

图 6-49　物理模型试验中的拦沙帘

拦沙帘物理特征参数表　　　表 6-10

类　　别	单　　位	数　　值
单位面积质量 W	g/m²	301
厚度 L	mm	2.40
抗张强度 T	kN/m	9.51
孔隙尺寸 P	mm	0.042

本次试验中,需考虑沉沙过程中的水流条件相似、泥沙运动相似和拦沙帘物理特性相似。结合试验所研究问题的性质和试验设备能力,决定采用比尺 $\lambda=1$ 的正态泥沙模型试验。其设计的相似条件如下:

(1)水流运动相似

重力相似:
$$\lambda_v = \lambda^{1/2} = 1 \tag{6-6}$$

阻力相似:
$$\lambda_n = \lambda^{1/6} = 1 \tag{6-7}$$

式中:λ_v、λ_n——流速比尺和糙率系数比尺。

(2)泥沙运动相似

沉沙池内的泥沙来源为吹填疏浚和吹填过程中,挖泥船挖泥后通过管线排放出的含沙水体。排放源附近水体紊动剧烈,泥沙以悬浮和半悬浮状态运动;泥沙逐渐远离排放源的运动过程中,泥沙以沉降和悬移运动为主;在拦沙帘下方的逸沙空隙附近,泥沙会出现部分起动和扬动的运动状态。因此,确定模型泥沙运动相似的基本条件是:沉降和悬浮相似、挟沙能力相似和起动相似。

沉降和悬浮相似:
$$\lambda_\omega = \lambda_v = 1 \tag{6-8}$$

挟沙能力相似:
$$\lambda_s = \frac{\lambda_{\gamma s}}{\lambda_{\gamma s - \gamma}} \tag{6-9}$$

起动相似:
$$\lambda_{vf} = \lambda_v \tag{6-10}$$

式中:λ_ω、λ_s、λ_{vf}——沉速、含沙量和起动流速比尺。

试验水位 h 选取沉沙池所在海域高潮位和低潮位两种情况。高潮位时,沉沙池内水深为6.3m,拦沙帘和海床间空隙为1.5m;低潮位时,沉沙池内水深为5m,拦沙帘和海床间空隙为0.2m。试验水深为0.8m,试验中保证模型逸沙空隙处流速与原型一致,即:

$$\frac{l_m}{h_m} = \frac{l_p}{h_p} \tag{6-11}$$

式中:l_m、l_p——逸沙空隙的模型值和原型值;
h_m、h_p——水深的模型值和原型值。

因此,试验中空隙分别为0m、0.03m、0.19m,分别模拟原型中拦沙帘下方不过水、低潮位时逸沙空隙0.2m和高潮位时逸沙空隙0.5m三种情况。

沉沙池内水动力条件主要影响因素为水流流速,拦沙帘处流速由前期数学模型结果中提取,不同位置拦沙帘处平均流速为0.02~0.039m/s。

152

　　在本次试验中,试验沙样的选取由疏浚和吹填海域的底质取样结果决定。图 6-50 为疏浚和吹填区域海沙级配曲线,试验中选择两种粒径的石英沙作为试验沙样。其中,一种沙样粒径为 0.125mm,为海沙中值粒径,模拟疏浚期间的悬沙情况;另一种沙样粒径为 0.075mm,组分含量约 15%;模拟沉沙池内沙子悬移运动和堰顶溢流槽的水体含沙情况。

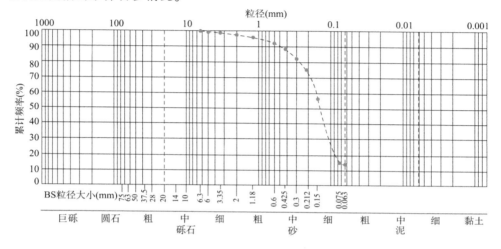

图 6-50　工程区海沙级配曲线

　　根据以上试验条件,提出本次试验的试验工况组合,拦沙帘渗透系数试验工况组合见表 6-11,拦沙帘截沙率试验工况组合见表 6-12。其中,拦沙帘下方空隙变化范围为 0 ~ 0.19m,流速变化范围为 0.020 ~ 0.039m/s。用表 6-12 中的试验工况组合可模拟不同潮位、不同海流条件下的拦沙帘对沙样的拦截情况。

拦沙帘渗透系数试验工况组合表　　　　　　　表 6-11

序　　号	粒径(mm)	逸沙空隙(m)	流速(m/s)
1	0.075	0	0.020
2	0.125	0	0.025

拦沙帘截沙率试验工况组合表　　　　　　　表 6-12

序　　号	粒径(mm)	逸沙空隙(m)	流速(m/s)
1	0.075	0.03	0.020
2	0.075	0.03	0.025
3	0.075	0.03	0.030
4	0.075	0.03	0.039

续上表

序　号	粒径（mm）	逸沙空隙（m）	流速（m/s）
5	0.075	0.19	0.020
6	0.075	0.19	0.025
7	0.075	0.19	0.030
8	0.075	0.19	0.039
9	0.125	0.03	0.020
10	0.125	0.03	0.025
11	0.125	0.03	0.030
12	0.125	0.03	0.039
13	0.125	0.19	0.020
14	0.125	0.19	0.025
15	0.125	0.19	0.030
16	0.125	0.19	0.039

依据《海岸与河口潮流泥沙模拟技术规程》（JTS/T 231-2—2010），在正式试验之前对每一组流速进行率定。试验中采用三点法（测量位置为0.2h、0.6h 和0.8h）测量垂线平均流速 V_m，率定流速的允许偏差 ±5% 以内，计算公式如下：

$$V_m = \frac{V_{0.2} + V_{0.6} + V_{0.8}}{3} \tag{6-12}$$

试验时，首先固定拦沙帘，将水深放至目标水位。启动造流装置，通过调节变频器将流速调节至率定流速 v，记录拦沙帘两侧的水位差 Δh。在加沙区注入称好质量的模型沙 W_p，观察拦沙帘下方一逸沙空隙的过沙情况。当逸沙空隙处无沙通过时，视为该工况时的稳定情况，停止试验后收集加沙区的剩余沙，对其进行烘干处理并称重 W_r。每组试验重复 3 次。试验结果给出拦沙帘下方空隙为零时的拦沙帘横向渗透系数 k 和拦沙帘下方不同空隙宽度条件下的截沙率 η，计算公式分别如下：

$$k = \frac{v}{h/L} \tag{6-13}$$

$$\eta = \frac{W_r}{W_p} \tag{6-14}$$

6.3.2　结果与讨论

1）拦沙帘渗透系数结果分析

本节对拦沙帘自身的横向渗透系数进行试验,即拦沙帘横向渗透系数结果见表 6-13,试验结果给出了沉沙池内悬移运动为主的沙样(粒径为 0.075mm)在不同流速条件下的过流情况。

拦沙帘横向渗透系数结果　　　　　　　　　　　　　表 6-13

序号	v(m/s)	Δh(m)	L(m)	k(m/s)
1	0.02	0.072	0.0024	0.000667
2	0.025	0.110	0.0024	0.000545

根据试验结果可知:当拦沙帘下方逸沙空隙为零时,水质点仅从拦沙帘孔隙中穿过。当平均流速为 0.02m/s 时,拦沙帘两侧水位差为 0.072m,逸沙系数为 0.000667;当平均流速上升至 0.025m/s 时,拦沙帘两侧水位差也增大,为 0.110m,此时悬沙的输移运动增多,沉降运动减少,部分沙洋在水流的横向作用下附着在拦沙帘孔隙结构表面,穿过拦沙帘水流速度减小,拦沙帘阻水效果增强,横向渗透系数减小,为 0.000545。

这表明拦沙帘渗透系数并非为一个常数,其大小不仅取决于自身孔隙值大小、形状和连通性,也取决于所在含沙水体的运动变化情况。

2）拦沙帘截沙率试验结果分析

本节对拦沙帘在不同条件下(不同沙洋粒径、流速和逸沙空隙)的截沙率进行试验,结果见图 6-51。根据试验结果可知:对于细沙(粒径为 0.075mm),当逸沙空隙为 0.03m 即模拟沉沙池内低潮位时,随着流速从 0.020m/s 增大至 0.039m/s,拦沙帘截沙率从 28% 降至 11%;当逸沙空隙为 0.19m 即模拟沉沙池内高潮位时,随着流速从 0.020m/s 增大至 0.039m/s,拦沙帘截沙率从 18% 降至 8%。对于粗沙(粒径为 0.125mm),当逸沙空隙为 0.03m 即模拟沉沙池内低潮位时,随着流速从 0.020m/s 增大至 0.039m/s,拦沙帘截沙率从 59% 降至 44%;当逸沙空隙为 0.19m 即模拟沉沙池内高潮位时,随着流速从 0.020m/s 增大至 0.039m/s,拦沙帘截沙率从 53% 降至 40%。

试验结果表明,拦沙帘的截沙率与所在水体流速和下方逸沙空隙尺度有关。其他条件不变时,水流平均流速越快、逸沙空隙越大、截沙率越低。这是由于在泥沙沉降过程中,更快的横向流速、更大的逸沙空隙尺度为悬沙横向输移运动提供了更有利的条件,通过逸沙空隙的沙量增多,最终导致拦沙帘的截沙率降低。这意味着沉沙池内更多的泥沙在高潮位时会流失更快。

此外,当其他条件不变时,拦沙帘对粒径较大(0.125mm)的粗沙截沙率更高。这是由于粒径较大的粗沙沉降速度更快,同时需要的起动流速更大。这表明泥沙在沉沙池内运动过程中,水体中的细沙是影响排放水体中总悬浮物浓度的重要因素。

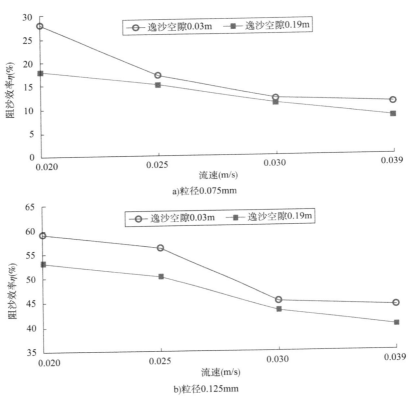

图 6-51 拦沙帘截沙率试验结果

6.3.3 结果与讨论

本节通过水槽试验研究了拦沙帘的渗透系数和截沙率,分析了不同因素对二者的影响,得到以下主要结论:

(1)拦沙帘渗透系数与所在含沙水体的运动变化情况有关,在试验条件下,拦沙帘的平均渗透系数为0.000667。

(2)当水体流速增加,逸沙空隙增大,泥沙粒径减小时,拦沙帘的截沙率有所降低。当泥沙粒径为 0.075mm、流速 0.02m/s,逸沙空隙 0.03m 时拦沙帘截沙率最高,为 59%;当泥沙粒径为 0.125mm、流速 0.039m/s,逸沙空隙 0.19m 时截沙率最低,仅为 8%。

（3）本试验结果可为相关三维泥沙输移扩散数学模型中拦沙帘处边界条件的给定提供数据支持,为优化拦沙帘在沉沙池内的布置方式提供基础支持。试验结果有一定的应用价值,也可为类似工程提供参考。

6.4　本章小结

本章主要介绍了一整套滨海电厂生态疏浚技术。具体介绍了为疏浚时机选择提供依据的全过程三维泥沙输运模拟技术;为了降低排入外海的悬浮物浓度而布置沉沙池;利用二维物理模型试验,评估了拦污帘最优拦沙效果,并通过合理布设,进一步限制疏浚悬浮污染物的扩散范围,从而使得疏浚工程能够满足生态需求标准。

7 结　语

　　本书基于迪拜哈翔电厂的工程实践经验,对滨海电厂生态保护及水环境动力模拟关键技术进行总结,主要内容包括:一是,提出滨海电厂水动力环境模拟技术。利用建立的全球水文模型,能够对电厂周围的波浪、潮流、泥沙等关键水动力参数进行精细化模拟,为滨海电厂环境保护措施的设计提供依据。二是,提出了滨海电厂水环境影响定量评估技术。基于水动力模拟技术,对电厂建设导致的环境变化程度与影响范围进行定量评估,为滨海电厂的选址与设计优化提供依据。三是,提出了滨海电厂生态特征调查与分析技术。采用多普勒水文测量、多波束地形扫描、三维水下测量、底质取样等综合手段与技术,对工程区域及影响范围内的底栖生物进行调查与分析,为生物移植种类的选择和移植区域的选址提供技术指标与参数。四是,提出基于珊瑚移植的生态保护技术。采用人工抛填技术,在选定的移植区内重建适宜珊瑚生长的环境条件,利用人工潜水作业,对珊瑚进行快速移植,并建立水下监测系统,定期观测珊瑚生长情况。五是,建立了一整套滨海电厂生态疏浚技术。采用全过程三维泥沙输运模拟技术,为疏浚时机选择提供依据;通过布置沉砂池,降低排入外海的悬浮物浓度达到本底水质标准;利用二维物理模型试验,评估拦污帘最优拦沙效果,并通过合理的布设,进一步限制疏浚悬浮污染物的扩散范围,最终使得疏浚能够满足高标准的生态需求。上述技术的研发为滨海电厂建设过程中的生态环境保护提供了技术方案,对今后类似工程的设计和施工而言,具有重要的借鉴意义。

参 考 文 献

[1] 陈刚.Reef Check 方法在三亚珊瑚礁区域的应用结果分析[J].南海研究与开发, 2002(2):17-21.

[2] 陈刚,赵美霞,刘斌,等.基于 Reef Check 调查的涠洲岛珊瑚礁生态状况评价[C]// 中国第四纪科学研究会珊瑚礁专业委员会 2016 年度学术会议,2016.

[3] 张乔民,施祺,陈刚,等.海南三亚鹿回头珊瑚岸礁监测与健康评估[J].科学通报, 2006(S3):71-77.

[4] 冯孝杰,杨琴,李永青,等.南沙珊瑚礁生态系统的调查与保护对策[J].后勤工程学院学报, 2011, 27(4):68-71.

[5] 牛文涛,刘玉新,林荣澄.珊瑚礁生态系统健康评价方法的研究进展[J].海洋学研究, 2009, 27(4):77-85.

[6] Hochberg E J, Atkinson M J, Andréfouët S. Spectral reflectance of coral reef bottom-types worldwide and implications for coral reef remote sensing[J]. Remote Sensing of Environment, 2003, 85(2): 159-173.

[7] Hochberg E J, Atkinson M J. Capabilities of remote sensors to classify coral, algae, and sand as pure and mixed spectra[J]. Remote Sensing of Environment, 2003, 85(2): 174-189.

[8] Holden H, LeDrew E. Hyperspectral identification of coral reef features[J]. International Journal of Remote Sensing, 1999, 20(13): 2545-2563.

[9] 徐兵.珊瑚礁遥感监测方法研究[D].南京:南京师范大学, 2013.

[10] 胡蕾秋,刘亚岚,任玉环,等.SPOT5 多光谱图像对南沙珊瑚礁信息提取方法的探讨[J].遥感技术与应用, 2010, 25(4):493-501.

[11] Guan Ning, Chen Songgui. Tidal and sediment numerical modelling report for dubai hassyan clean coal power plant[R]. Tianjin Research Institute of Water Transport Engineering, 2016.

[12] Chen Songgui, Chen Hanbao. Wave numerical modelling report for dubai hassyan clean coal power plant[R]. Tianjin Research Institute of Water Transport Engineering, 2016.

[13] Lu D, Mausel P, Brondizio E, et al. Assessment of atmospheric correction methods for Landsat TM data applicable to Amazon basin LBA research[J]. International Journal of Remote Sensing, 2002, 23(13): 2651-2671.

[14] Burnett C, Blaschke T. A multi-scale segmentation/object relationship modelling methodology for landscape analysis[J]. Ecological modelling, 2003, 168(3): 233-249.

[15] Purkis S J, Riegl B, Andréfouët S. Remote sensing of geomorphology and facies patterns on a modern carbonate ramp (Arabian Gulf, Dubai, U. A. E.)[J]. Journal of Sedimentary Research, 2005, 75:861-876.

[16] Purkis S J, Renegar D A, Riegl B M. The most temperature-adapted corals have an Achilles′ Heel[J]. Marine Pollution Bulletin, 20(1)62:246-250.

[17] Chen S G, Guan N. Tidal and sediment numerical modelling report for dubai hassyan clean coal power plant[R]. Tianjin Research Institute of Water Transport Engineering, Dubai, 2016.

[18] Cooper T, Fabricius K. Coral-based indicators of changes in water quality on nearshore coral reefs of the Great Barrier Reef[R]. Reef and Rainforest Research Centre Limited, Cairns, 2007, 31.

[19] Cooper T F, Ridd P V, Ulstrup K E, et al. Temporal dy-namics in coral bioindicators for water quality on coastal coral reefs of the Great Barrier Reef[J]. Marine and Freshwater Research, 2008, 59:703-716.

[20] Doorngroen S M. Environmental monitoring and management of reclamation works close to sensitive habitats[J]. Asian and Pacific Coasts, 2009, 15:62-81.

[21] Erftemeijer, Paul LA, Roy R. Robin Lewis. Environmental impacts of dredging on seagrasses: a review [J]. Marine pollution bulletin, 2006, 52(12): 1553-1572.

[22] Erftemeijer, Paul LA, et al. Environmental impacts of dredging and other sediment disturbances on corals: a review. Marine pollution bulletin, 2012, 64(9): 1737-1765.

[23] Jiang J. M. 2015. The measures for mitigating environmental pollution during dredging work. Water transport in the Pearl River, 7:60-61.

[24] Koskela R W, Ringeltaube P. Using predictive monitoring to mitigate construction impacts in sensitive marine environments. Recent Advances in Marine Science and Technology. Hawai, 2002.

[25] McClanahan T, Obura D. Sediment effects on shallow coral reef communities in Kenya[J]. Journal of Experimental Marine Biology and Ecology, 1997, 209: 103-122.

[26] McClanahan T, Polunin N, Done T. 2002. Ecological states and the resilience of coral reefs[J]. Conserva-tion Ecology, 62(2):18-23.

[27] Sofonia J J, Unsworth R K F. Development of water quality thresholds during dredging for the protection of benthic primary producer habitats[J]. Journal of Environmental Monitoring, 2010,12:159-163.

[28] Vargas-Angel B, Riegl B, Gilliam D,et al. An experimental histopathological rating scale of sediment stress in the Caribbean coral Montastraea cavernosa[J]. Proceedings Tenth International Coral Reef Symposium,2006,1168-1173, Okinawa.

[29] Wang C, Zhang L. Influence of dredging and deepening of the outward channel on ocean ecology and environment in the vicinity of the Pearl River Mouth and the preventative measures[J]. Marine Envi-ronmental Science,2001, 20(4):58-66.

[30] 国家海洋标准计量中心.海洋调查规范 第1部分:总则:GB/T 12763.1—2007 [S].北京:中国标准出版社, 2008.

[31] Vincent, Claire, et al. Guidance on typology, reference conditions and classification systems for transitional and coastal waters[J]. Produced by: CIS Working Group 2(2002):119.

[32] United States Environmental Protection Agency (USEPA). National Coastal Condition Report II[J]. Office of Research and Development, Office of Water,2005, Washington, DC. EPA-620/R-03/002.

[33] 韩彬, 王保栋.河口和沿岸海域生态环境质量综合评价方法评介[J].海洋科学进展, 2006, 24(2):254-258.

[34] 英晓明, 谢健, 贾后磊,等.珠海高栏岛西侧海域海洋环境现状调查与评价 [J].环境, 2012(S2):27-28.

[35] 胡婕.沿岸海域生态环境质量综合评价方法研究[D].大连理工大学, 2007.

[36] 王保栋.河口和沿岸海域的富营养化评价模型[J].海洋科学进展, 2005, 23(1):82-86.

[37] 李飞, 徐敏.海州湾保护区海洋环境质量综合评价[J].长江流域资源与环境, 2014, 23(5):659-667.

[38] 胡莹莹, 王菊英, 刘亮,等.近岸海域区域环境质量综合评价体系构建及应用实例[J].中国环境监测, 2012, 28(1):4-8.

[39] Borja A, Dauer D M, Diaz R, et al. Assessing estuarine benthic quality conditions in Chesapeake Bay: a comparison of three indices[J]. Ecological Indicators, 2008, 8(4): 395-403.

[40] Shannon, Claude E. A mathematical theory of communication[J]. ACM SIGMO-BILE Mobile Computing and Communications Review, 2001, 5(1): 3-55.

[41] Lyons, B. P, et al. Using biological effects tools to define good environmental status under the European Union Marine Strategy Framework Directive[J]. Marine Pollution Bulletin, 2010, 60 (10): 1647-1651.

[42] USEPA. EPA 440/5- 86- 001. Quality Criteria for Water and sediment [S]. UEA, 1986.